Laurent Kouakou Kouakou
Arsène Irié Zoro Bi
Jean-Pierre Baudoin

Optimisation de la production de plants de rotin

Laurent Kouakou Kouakou
Arsène Irié Zoro Bi
Jean-Pierre Baudoin

Optimisation de la production de plants de rotin

Régénération de rotins à grande importance socioéconomique en Afrique: Laccosperma secundiflorum, Eremospatha macrocarpa

Presses Académiques Francophones

Impressum / Mentions légales
Bibliografische Information der Deutschen Nationalbibliothek: Die Deutsche Nationalbibliothek verzeichnet diese Publikation in der Deutschen Nationalbibliografie; detaillierte bibliografische Daten sind im Internet über http://dnb.d-nb.de abrufbar.
Alle in diesem Buch genannten Marken und Produktnamen unterliegen warenzeichen-, marken- oder patentrechtlichem Schutz bzw. sind Warenzeichen oder eingetragene Warenzeichen der jeweiligen Inhaber. Die Wiedergabe von Marken, Produktnamen, Gebrauchsnamen, Handelsnamen, Warenbezeichnungen u.s.w. in diesem Werk berechtigt auch ohne besondere Kennzeichnung nicht zu der Annahme, dass solche Namen im Sinne der Warenzeichen- und Markenschutzgesetzgebung als frei zu betrachten wären und daher von jedermann benutzt werden dürften.

Information bibliographique publiée par la Deutsche Nationalbibliothek: La Deutsche Nationalbibliothek inscrit cette publication à la Deutsche Nationalbibliografie; des données bibliographiques détaillées sont disponibles sur internet à l'adresse http://dnb.d-nb.de.
Toutes marques et noms de produits mentionnés dans ce livre demeurent sous la protection des marques, des marques déposées et des brevets, et sont des marques ou des marques déposées de leurs détenteurs respectifs. L'utilisation des marques, noms de produits, noms communs, noms commerciaux, descriptions de produits, etc, même sans qu'ils soient mentionnés de façon particulière dans ce livre ne signifie en aucune façon que ces noms peuvent être utilisés sans restriction à l'égard de la législation pour la protection des marques et des marques déposées et pourraient donc être utilisés par quiconque.

Coverbild / Photo de couverture: www.ingimage.com

Verlag / Editeur:
Presses Académiques Francophones
ist ein Imprint der / est une marque déposée de
AV Akademikerverlag GmbH & Co. KG
Heinrich-Böcking-Str. 6-8, 66121 Saarbrücken, Deutschland / Allemagne
Email: info@presses-academiques.com

Herstellung: siehe letzte Seite /
Impression: voir la dernière page
ISBN: 978-3-8381-7755-7

REPUBLIQUE DE COTE D'IVOIRE

Union - Discipline - Travail

Ministère de l'Enseignement Supérieur
et de la Recherche Scientifique

UFR des Sciences de la Nature

*Laboratoire de Biologie et
Amélioration des productions végétales*

Université d'Abobo-Adjamé

Année universitaire 2008-2009

THESE pour l'obtention du diplôme de

DOCTORAT UNIQUE

Spécialité : **Biotechnologie végétale**

Thème :

Optimisation de la production de plantules de deux espèces de rotin *Laccosperma secundiflorum* (P. Beauv) Kuntze et *Eremospatha macrocarpa* (G. Mann & Wendl.) H. Wendl commercialisées en Afrique tropicale

Présentée par

KOUAKOU Kouakou Laurent

Soutenue publiquement, le 30 Novembre 2009, devant le jury composé de :

M. EHILE Ehouan Etienne, Professeur (UAA)	**Président**
M. ZORO BI Irié Arsène, Maître de Conférences (UAA)	**Co-directeur de Thèse**
M. BAUDOIN Jean-Pierre, Professeur (FUSAGx)	**Co-directeur de Thèse**
M. AKE ASSI Laurent, Professeur (CNF)	**Rapporteur**
M. DJE Yao, Maître de Conférences (UAA)	**Examinateur**
M. KOUADIO Yatty Justin, Maître de Conférences (UAA)	**Examinateur**

Remerciements

Au terme de cette thèse, je me dois d'exprimer ma gratitude aux nombreuses personnes et organismes boursiers qui, de manières diverses, ont contribué à la réalisation de ce travail.

Mes remerciements iront en premier lieu au Président de l'Université d'Abobo-Adjamé, le Professeur Etienne E. Ehilé, pour tout ce qu'il fait pour la formation des étudiants dans cette Université et pour avoir accepté de présider mon jury de thèse malgré ses nombreuses charges.

C'est sous la direction scientifique du Professeur Irié A. Zoro Bi que ce travail a pu évoluer et aboutir. Son sens aigu de la rigueur dans le travail, sa compétence scientifique, ses conseils judicieux ont sans nul doute contribué à ma formation de chercheur et ont été par ailleurs déterminants dans l'accomplissement de ce travail. Qu'il me soit permis, à travers ce travail, de lui exprimer ma profonde reconnaissance et mes remerciements les plus sincères.

Je voudrais exprimer ma profonde gratitude au Professeur Jean-Pierre Baudoin, Responsable de l'Unité de Phytotechnie tropicale et Horticulture de la Faculté Universitaire des Sciences Agronomiques de Gembloux (FUSAGx-Gembloux, Belgique), Co-directeur scientifique de ce travail, pour son accueil, son soutien moral, ses conseils judicieux, ses critiques constructives, et son entière disponibilité.

Je tiens à témoigner ma reconnaissance au Professeur Yao Djè pour sa disponibilité et qui, à chaque fois que l'occasion se présentait, ne cessait de me prodiguer de sages conseils.

Je remercie chaleureusement les Docteurs Tanoh H. Kouakou et Koné Mongomakè, enseignants chercheur à l'Université d'Abobo-adjamé (UFR/SN) qui ont guidé mes premiers pas vers la culture *in vitro*.

Mes remerciements vont aussi à l'endroit du Professeur Odette D. Dogbo qui a bien voulu corriger maintes fois ce manuscrit. Professeur, que Dieu vous garde longtemps.

Je n'oublie pas le professeur Michel Zouzou de l'Université de Cocody qui a accepté d'apporter sa contribution à cette thèse.

J'exprime aussi ma reconnaissance au Professeur Laurent Aké Assi pour sa disponibilité. C'est grâce à lui que nous avons pu identifier les différentes espèces qui ont fait l'objet de cette étude. Je souhaite que, Dieu, le tout puissant lui prolonge la vie pour que le monde entier continue de profiter de son immense savoir.

J'exprime ma gratitude au Professeur Yatty J. Kouadio, Directeur du Laboratoire de Biologie et Amélioration des Productions Végétales de l'UAA, pour son soutien, sa compréhension et son esprit de grand pédagogue.

Je souhaite particulièrement remercier Docteur Daouda Koné de l'Université de Cocody, pour sa disponibilité et ses sages conseils à un moment donné de cette thèse. Docteur, que Dieu vous bénisse.

Mes remerciements s'adressent également à mes très chers amis et compagnons Koffi K. Kouamé, Kouadio I. Kouassi qui m'ont soutenu moralement durant les six années de thèse passées ensemble. Je n'oublie pas les doctorants N'dri J. Kouassi, Abessika G. Yao, Boh N. Goré Bi, Léonie C. Kouonon, Becket S. Bony, Anique Gbotto, François Konan et tous les autres étudiants du Groupe de Recherche sur les Cultures Mineures (GRCM). Je leur témoigne ma sincère amitié.

Merci à toute la communauté estudiantine ivoirienne à Gembloux (Belgique) qui, durant les trois années de mobilité, m'a témoigné d'une très grande fraternité.

Je tiens à remercier Monsieur Didier Leurquin, technicien au laboratoire de Phytotechnie tropicale et Horticulture de la Faculté Universitaire des Sciences Agronomiques de Gembloux (Belgique) pour sa disponibilité et son apport appréciable dans mes différentes manipulations au laboratoire.

Je remercie également les autorités de la SODEFOR dont le Commandant Kadio Adjoumani et le Commandant Affouet épouse Kédia.

À toute la population du village d'Ahouakoi et à mon tuteur Rémy N'Cho et épouse pour leur accueil chaleureux durant les différentes missions de recherche que j'ai eu à effectuer dans ce village.

C'est grâce à la patience, à la compréhension et aux prières de ma fiancée, de mes enfants et de mes parents que ce travail a pu aboutir, qu'ils trouvent ici le témoignage de mon affection.

Enfin, j'exprime ma reconnaissance aux autorités de l'Agence Universitaire de la Francophonie (AUF), organisme financier des projets de formation à la recherche dans lequel s'inscrit cette thèse.

Abréviations

AIA : Acide Indole 3 Acétique

AIB : Acide Indole Butyrique

ANA : Acide Naphtalène Acétique

ATP : Adénosine Triphosphate

ARRP : *African Rattan Research Programm*

BAP : 6 Benzylaminopurine

2-4D : 2-4 Dichlorophénoxyacétique

FAO : Organisation des Nations Unies pour l'Alimentation

FRIM : Forest Research Institut Malaysia

GA$_3$: Acide gibbérellique 3

ICSB : *Innoprise Corporation Sdn* Bhd

JAC : Jours Après mise en Culture

JAS : Jour Après Sémis

MS : Milieu de base de Murashige et Skoog

NADPH : Nicotinamide Adénine Dinucléotide Phosphate

OIPR : Office Ivoirien des Parcs et Réserves

PFNL : Produits Forestiers Non Ligneux

QTL : *Quantative Trait Loci*

SODEFOR : Société de Développement des Forêts

SODEXAM : Société d'Exploitation et de Développement Aéroportuaire, Aéronautique et Météorologique

SH : Milieu de base de Shenk et Hilderbrandt

TDZ : Thidiazuron

UICN : Union Internationale pour la Conservation de la Nature

Résumé

Kouakou K. Laurent (2009) Optimisation de la production de jeunes plants de deux espèces de rotin : *Laccosperma secundiflorum* (P. Beauv.) Küntze et *Eremospatha macrocarpa* (G. Mann & H. Wendl.). Thèse de Doctorat. Université d'Abobo-Adjamé, Abidjan-Faculté Universitaire des Sciences Agronomique de Gembloux, Belgique, 117 Pages, 22 Tableaux, 30 Figures.

Notre travail a consisté, chez deux espèces de rotins commercialisés en Côte d'Ivoire (*Laccosperma secundiflorum* P. Beauv. Küntze et *Eremospatha macrocarpa* G. Mann & H. Wendl.), à étudier différentes techniques de production de jeunes plants. La technique axée sur la multiplication végétative des rejets et des rhizomes a montré qu'on a une optimisation de la production de jeunes plants avec les rejets de petit diamètre cultivés sous une ombrière. Les techniques d'amélioration du pouvoir germinatif ont montré que la scarification et l'imbibition des graines dans de l'eau distillée, ainsi que leur traitement à la gibbérelline et au nitrate de potassium améliorent significativement le pourcentage de germination (pourcentage de germination supérieur à 70%) des graines des deux espèces. L'action de la gibbérelline est plus perceptible car elle entraine un pourcentage de germination de plus de 94%. L'effet de ces traitements sur le pouvoir de germination des graines suggère la présence d'une dormance tégumentaire et endogène. La micropropagation des bourgeons axillaires et des méristèmes apicaux de *L. secundiflorum* sur milieu de base MS additionné de 1 mg l^{-1} de BAP et de 1 mg l^{-1} d'ANA, donne les meilleurs pourcentages d'explants portant les pousses 85,03 ± 14,35 et 86,67 ± 10,00, respectivement, pour les bourgeons et les méristèmes. Le nombre moyen de pousses émis par ces explants est de trois. Quant à l'induction de pousse effectuée sur les *vitro* plants, les meilleurs résultats (cinq pousses par explant) ont été obtenus lorsque l'AIB à 1 mg l^{-1} est combiné à 4 mg l^{-1} de BAP pour *L. secundiflorum*. Pour *E. macrocarpa*, le nombre de pousses produites n'est pas influencé par la nature de l'auxine associée au BAP. Le nombre moyen de pousses produites par explant, pour cette espèce, est d'environ trois quelle que soit l'auxine associée à la BAP. Enfin, l'étude comparée de la croissance entre des plants sauvages et des jeunes plants produits en pépinière a montré que les jeunes plants introduits se sont acclimatés avec un grand succès et qu'ils se comportaient indifféremment des plantes sauvages.

L'ensemble des résultats de ces travaux indiquent les possibilités de production à grande échelle de semences de rotin pour répondre aux impératifs de la gestion durable et la valorisation de la sylviculture du rotin en Afrique et de la Côte d'Ivoire en particulier.

Mot clés : Rotin. *Laccosperma secundiflorum*. *Eremospatha macrocarpa*. Multiplication végétative. Micropropagation. Levée de dormance des graines.

Summary

Kouakou K. Laurent (2009) Optimizing the production of seedlings of two rattan species: *Laccosperma secundiflorum* (P. Beauv.) Kuntze and *Eremospatha macrocarpa* (G. Mann & H. Wendl.). PhD thesis . University of Abobo-Adjamé, Abidjan-Gembloux Agricultural University, Belgium, 117 Pages, 22 Tables, 30 Figures.

The aim of the present study was to explore different strategies of multiplication or seedlings mass production of two rattans species (*Laccosperma secundiflorum* P. Beauv. Küntze and *Eremospatha macrocarpa* G. Mann & H. Wendl.) commercialized in Côte d'Ivoire. The technique which focused on vegetative propagation with sucker and rhizomes showed that seedling production was optimized with sucker of small diameter grown under a shaded nursery. Seed dormancy breaking test showed that pre-soaking scarified seeds with 4 days stay in distilled water and both potassium nitrate (KNO_3) and GA_3 promoted germination percentage (> 70%) of the two species. But GA_3 effect on seed germination was more efficient (> 94%). The effect of these treatments on the percentage of germination indicates that a probable combination of mechanical and chemical dormancy is present in the two species. The micropropagation using axillaries buds and apical meristems showed that the combinations of 1 mg l^{-1} of BAP and 1 mg l^{-1} of NAA give the best percentage of explants bearing shoots: 85.03±14.35 and 86.67±10.00 respectively for the axillary buds and apical meristems. The mean number of shoot induced of these two organs is three. As for shoots induction on the collar region of *L. secundiflorum vitro* plants, interesting results (five shoots per explants) were obtained when 1 mg l^{-1} of IBA was combined with 4 mg l^{-1} of BAP. For *E. macrocarpa*, the number of shoots produced was not influenced by the nature of the auxin associated with the BAP. The mean number of shoots produced for this species is about three whatever auxin associated with the BAP. The comparative study of growth of wild plants and seedlings produced in a nursery showed that the transplanted seedlings are very well acclimated and behave similarly as wild plants.

The results of this work indicate a possibility of large-scale rattan seedlings production for its sustainable management and its promotion in African forestry particularly in Côte d'Ivoire.

***Keywords*:** Rattan. *Laccosperma secundiflorum*. *Eremospatha macrocarpa*. Vegetative. Micropropagation. Breaking seeds dormancy.

Liste des figures

Liste des tableaux

Table des matières

INTRODUCTION

Les rotins sont les palmiers lianes présents uniquement en Asie et en Afrique. Des centaines de millions de personnes à travers le monde font le commerce du rotin ou l'utilisent à de multiples fins allant de la confection des meubles à divers autres articles. L'industrie du rotin emploie au moins 1,2 million de personnes en Asie, dont environ 500000 travaillent dans le secteur manufacturier et 700000 autres dans la collecte et la transformation primaire (Sastry, 2001). Tout comme les espèces d'Asie, les rotins africains font partie intégrante des stratégies de subsistances de nombreuses populations rurales et urbaines (Sunderland, 2005). En Côte d'Ivoire, une enquête socio-économique sur la filière d'exploitation du rotin a montré que celui-ci fait l'objet d'importantes activités économiques. Ces activités concernent aussi bien les artisans que les industriels. En 2000, on notait plusieurs dizaines d'ateliers de transformation artisanale du rotin et 3 industries qui étaient impliqués dans ce secteur. Le secteur artisanal seul, employait à travers la ville d'Abidjan plus de 200 personnes (Zoro Bi & Kouakou, 2004a).

Toutefois, dans leurs aires de répartition naturelle représentées par les forêts tropicales d'Asie et d'Afrique, les ressources en rotin qui sont environ de 600 espèces, sont en voie d'épuisement dû à la surexploitation, à la mauvaise qualité de l'aménagement des forêts et à la disparition de certains habitats (FAO, 2008). D'après la liste rouge de l'Union Internationale pour la Conservation de la Nature (UICN), au moins 117 espèces de rotin sont menacées d'extinction dans la nature (Renuka, 2001). En plus, les connaissances taxonomiques sont encore fragmentaires sur les espèces de rotin et les confusions dans la nomenclature, constituent un obstacle aux activités de recherche et de développement de ces espèces. Des statistiques fiables sur le volume de la production et la valeur commerciale sont très peu évoquées dans la littérature. La multiplication naturelle des rotins présente des difficultés particulières du fait du mode de floraison et du caractère solitaire de certaines espèces, de leur faible croissance végétative et du faible pouvoir germinatif des graines (Nasi & Monteuuis, 1992; Goh *et al.*, 1997a).

Dans ce contexte, il s'avère important de rechercher les moyens d'une utilisation rationnelle et durable de cette ressource. C'est ainsi que plusieurs pays, notamment, les pays asiatiques, ont initié de vastes programmes de valorisation de la sylviculture du rotin. Jusqu'en 1987, plus de 20 000 hectares de rotins ont été plantés par l'*Innoprise Corporation Sdn* Bhd (ICSB) qui est le plus gros exploitant forestier du Sabah-Malaisie (Siebert, 1990;

1

Goh *et al.*, 1997b; Sunderland, 2004). En Afrique, un projet de recherche multidisciplinaire intitulé *African Rattan Research Programme* (ARRP) initié en 1997 par le jardin botanique de Kew et L'*University College of London* (Grande Bretagne) en partenariat avec les jardins botaniques du Cameroun, de la Guinée Equatoriale et de l'Institut de Recherche forestière du Ghana a permis d'étudier la distribution et les utilisations du rotin au Cameroun, au Ghana et au Nigeria (Sunderland, 2000). Ce projet a également permis de faire les premiers essais de sylviculture du rotin au Cameroun (Sunderland, 1999).

Par contre, en Côte d'Ivoire, la sylviculture du rotin reste un domaine encore non exploité. Deux grands axes d'étude complémentaire sont actuellement mis en œuvre par le groupe de recherche sur les cultures mineures de l'Unité de Formation et de Recherche des Sciences de la Nature de l'Université d'Abobo-adjamé (Abidjan-Côte d'Ivoire). Ces axes de recherche sont :

1- étude de la démographie et de la distribution spatiale des rotins ;

2- recherche de stratégies efficientes de production de jeunes plants de rotins de grande importance économique.

Le deuxième axe de recherche qui fait l'objet de cette étude est basé sur la régénération de deux espèces ivoiriennes de rotin de grande valeur économique et qui sont surexploitées : *Laccosperma secundiflorum* et *Eremospatha macrocarpa*.

L'objectif général de ce programme de recherche vise à produire des données dont l'appropriation par les gestionnaires, notamment la SODEFOR permettra d'assurer une gestion durable des forêts villageoises et des forêts classées par le développement de la foresterie et / ou l'agroforesterie impliquant le rotin. Pour atteindre ce but, plusieurs objectifs spécifiques ont été visés. Il s'agit de :

-   identifier les organes et les conditions de culture qui se prêtent le mieux à la multiplication végétatives des espèces de rotins élites ;

-   rechercher des techniques d'optimisation du pouvoir germinatif des graines de rotins ;

-   identifier les explants (portions de plants), le ou les milieux de base pouvant favoriser une production exponentielle de jeunes plants *in vitro*;

-   enfin, de s'assurer du bon comportement dans le milieu naturel des plants régénérés.

La première partie de notre travail, consacrée à une révision bibliographique, est scindée en deux chapitres. Dans le premier chapitre, nous exposons les données relatives à la biologie et à l'importance socio-économique des rotins. Le deuxième chapitre fait cas des différentes méthodologies de régénération des ressources phytogénétiques en général et des rotins en particulier.

Nous aborderons dans la seconde partie l'expérimentation proprement dite. Ce travail est scindé en quatre grands chapitres. La multiplication végétative ou éclatement de souche à partir des rejets et des rhizomes prélevés sur les plantes mères constitue le premier chapitre de l'expérimentation. Dans le second chapitre, sur la base des informations recueillies dans la littérature, des techniques d'amélioration du pouvoir germinatif des graines seront entreprises. Dans le chapitre trois traitant la culture *in vitro*, nous recherchons les techniques de micro propagation en vue d'une optimalisation de la production de jeunes plants. Dans le quatrième chapitre nous ferons une étude comparée entre la croissance des jeunes plants produits en pépinière et introduits en milieu naturel par rapport à ceux jugés de même âge.

Enfin, dans la dernière partie, nous exposerons les conclusions les plus significatives des différents aspects de ce travail.

Première partie :
Revue bibliographique

1

Biologie et importance socio-économique des rotins

L'utilisation et la valorisation des ressources naturelles constituent une tâche essentielle pour la survie de l'humanité. Elles contribuent au maintien de l'équilibre écosystémique. Nous avons non seulement besoin des ressources elles-mêmes mais également d'un maximum d'informations relatives au matériel végétal afin de lui assurer une gestion durable (Soulé, 1985; Given, 1994).

Dans ce chapitre, nous présentons quelques généralités sur la systématique, l'écologie et l'importance socio-économique des rotins.

1.1 Systématique et taxonomie

1.1.1 Position systématique de *Laccosperma secundiflorum* (Arecaceae)

Règne	Végétal
Embranchement	Spermaphytes
Sous-embranchement	Angiospermes
Classe	Monocotylédones
Sous-classe	Arecidale
Ordre	Arecales
Famille	Arecaceae
Sous-famille	Lepidocaryoideae
Tribu	Metroxyleae
Genre	Laccosperma
Espèce	secundiflorum

1.1.2 Position systématique de *Eremospatha macrocarpa* (Arecaceae)

Règne	Végétal
Embranchement	Spermaphytes
Sous-embranchement	Angiospermes
Classe	Monocotylédones
Sous-classe	Arecidale
Ordre	Arecales
Famille	Arecaceae
Sous-famille	Lepidocaryoideae
Tribu	Metroxyleae
Genre	Eremospatha
Espèce	macrocarpa

1.1.3 Taxonomie

La taxonomie est une première approche nécessaire à la gestion et à la valorisation des ressources naturelles. Chez les rotins, les systèmes de classifications indigènes élaborés reflètent souvent la signification sociale. Ces taxonomies ont été adaptées pour rendre compte de la croissance des rotins dans la forêt et de leurs utilisations. Les glossaires qui mettent en corrélation les noms latins et les noms locaux ont souvent été utilisés sans discernement. Ceci a créé des confusions dans la nomenclature (Dransfield, 1996).

Le rotin est une plante grimpante de la sous famille des Calamoïdeae et de la famille des Arecaceae. Il existe environ 600 espèces différentes de rotins appartenant à 13 genres dont le centre de dispersion se situe en Asie du Sud-Est. Le genre le plus important est *Calamus*, avec environ 370 espèces. Il s'agit essentiellement d'un genre asiatique. Sur les 13 genres, quatre sont présents en Afrique dont trois, à savoir *Laccosperma*, *Eremospatha* et *Oncocalamus* y sont endémiques (Dransfield, 1979; Dransfield & Manokaran, 1993; Sunderland, 2000; Defo & Trefon, 2002; Sunderland, 2005). Le genre *Calamus* est représenté en Afrique par une seule espèce, *Calamus deërratus* G. Mann & H. Wendl. (Dransfield & Manokaran, 1993; Dransfield, 2001). En Côte d'Ivoire, les inventaires floristiques réalisés par Aké Assi (1997) et Tra Bi (1997) ont indiqué la présence de 6 espèces. Il s'agit de *C. deërratus*, *Eremospatha macrocarpa* (G. Mann & H. Wendl), *Eremospatha hookeri* (G. Mann & H. Wendl), *H. wendl*, *Laccosperma laeve* (P. Beauv) Küntze, *Laccosperma secundiflorum*

(P. Beauv) Künze et de *Laccosperma opacum* (P. Beauv) Küntze. Les travaux de Kouassi (2007) ont révélé la présence de deux autres espèces : *Eremospatha dransfieldii* (Sunderland) et *Eremospatha laurentii* (De Wild). Ceci porte à 8 le nombre total d'espèces de rotin rencontrées en Côte d'Ivoire.

Les quatre genres de rotins africains sont relativement faciles à différencier, notamment par la morphologie de leurs organes d'ancrage. Les genres *Laccosperma*, *Eremospatha* et *Oncocalamus* se distinguent des autres Calamoïdeae par la présence de cirre qui se présente comme une extension en forme de fouet placée aux extrémités de certaines feuilles et garnie d'épines courtes et arquées (Tomlinson, 1990). Le genre *Calamus*, proche des genres asiatiques développe un flagelle qui est une sorte de pousse sortant directement de la gaine foliaire et considéré comme une fleur modifiée (Baker *et al.*, 1999).

Les genres *Laccosperma* et *Eremospatha* ont un attribut exceptionnel chez les Palmiers, qui est le port de paires de fleurs hermaphrodites (Uhl & Dransfield, 1987). Quant au genre *Calamus*, il est doté d'une paire de fleurs unisexuées, ce qui caractérise la plupart des Calamoideae. En outre, à la différence des autres espèces de Palmeae, les fleurs de *Oncocalamus* sont disposées en forme de panicule (grappe) complexe. Cette grappe de fleurs, spécifique des taxons africains, et d'*Oncocalamus* en particulier, donne à penser qu'une importante évolution des Calamoideae s'est produite en Afrique (Sunderland, 2001a).

Du point de vue anatomique, l'épaisseur des parois fibreuses, le pourcentage de tissus fibreux et le diamètre du vaisseau du métaxylème, facteurs apparemment déterminants pour la qualité du rotin, présentent des différences marquées parmi les différents genres (Weiner & Liese, 1994; Schmitt *et al.*, 1995; Mathew & Bhat, 1997; Oteng-Amoako & Obiri-Darko, 2002). Les espèces des genres *Laccosperma* et *Eremospatha* les plus recherchées se caractérisent par un taux relativement élevé de fibres épaisses, et une forte densité des vaisseaux à diamètre plutôt étroit. Ces caractéristiques de fibres conditionnent des cannes robustes et flexibles. Le genre *Oncocalamus* a des parois fibreuses très minces et les vaisseaux de son métaxylème sont d'un très grand diamètre. C'est le genre le moins recherché de tous les rotins africains en référence à sa densité et à sa résistance. Ses espèces ont des cannes particulièrement faibles et fragiles qui ne sont guère appréciées par les utilisateurs (Sunderland & Obama, 1999; Defo & Trefon, 2002).

1.2 Morphologie

Les rotins, d'une manière générale se développent en touffe ou en bouquet. Ceux d'Afrique sont en touffe sauf *Calamus deërratus* qui est solitaire (Sunderland, 2001b). Les espèces en bouquet ou en touffe possèdent parfois plus de 50 tiges d'âges différents et produisent des rejets qui remplacent les tiges au fur et à mesure qu'elles meurent ou qu'elles sont récoltées (Dransfield, 2001).

La tige de rotin est constituée d'une suite d'entrenœuds revêtus d'une forte densité de gaines foliaires, en général pourvues d'épines, et formant une longue structure lianescente (Letouzey, 1982). Chez certaines espèces, telles que *Calamus manan* Miq., la tige peut croître jusqu'à 171 m de longueur (Siebert, 1993). Chez *Laccosperma secundiflorum*, la tige peut grimper à des hauteurs variant entre 50 et 75 m alors que celle de *Eremospatha macrocarpa* peut croître jusqu'à 150 m de longueur. Le diamètre de la tige (mature) est constant au niveau d'une espèce mais varie d'une espèce à une autre (**Figure 1**).

Figure 1. *Laccosperma secundiflorum* (P. Beauv.) Küntze dans son milieu naturel : **A**-jeunes plants ; **B**-Plante adulte (Photo Laurent Kouakou, décembre 2007)

La feuille, déployée en spirale le long de la tige, est constituée de trois parties : la gaine foliaire, le pétiole et le limbe souvent découpé en lobes. Chez certaines espèces, la feuille est sessile. Elle est terminée chez certains taxons par une cirre (ou cirrhe) qui est une sorte de long fouet épineux qui sert à l'accrochage de la tige sur son support (Dransfield, 1979; Sunderland, 2001b). La feuille, est constituée de lobes qui ont une disposition pennée.

Les fruits de petites tailles, de quelques millimètres à quatre centimètres sont couverts de rangées parallèles d'écailles ressemblant à de petits cônes. Ces écailles sont souvent dures, brillantes et cannelées verticalement. Le nombre de rangées d'écailles varie selon les espèces. À maturité, chez la plupart des rotins, les écailles se colorent vivement (jaune-orangé pour la plupart des espèces) et le mésocarpe se détache facilement de la graine (Nasi & Monteuuis, 1992). Malgré les ressemblances morphologiques ci-dessus énumérées, les genres africains présentent toutefois des différences profondes. C'est par exemple le cas des deux espèces qui font l'objet de notre étude.

1.2.1 *Laccosperma secundiflorum* (P. Beauv.)
O. Küntze ; Ginieis, Bull. I.F.A.N., ser. A, 22: 730-742 (1960)
Synonyme: *Ancistrophyllum secundiflorum* (P. Beauv.) Wendl.

Laccosperma secundiflorum est un rotin robuste en touffe, qui peut grimper de 25 à 50 m de hauteur. Les feuilles, grandes, comportent de nombreux lobes (80 à 100), disposés de façon régulière le long du rachis mesurant environ 2 m (Kouassi, 2007). Ce rachis peut se terminer par une cirre qui permet au rotin de s'agripper sur son tuteur (Sunderland, 2001a). L'inflorescence, de taille avoisinant deux mètres, est en position apicale sur la tige. Les fruits ovoïdes de couleur orangée sont de 2 cm de longueur et 1 cm de largeur. Le diamètre de la tige varie de 2 à 3 cm quand elle est dénudée de la gaine foliaire (**Figure 2**). La présence de celle-ci augmente le diamètre jusqu'à 4 cm (Kouassi, 2007). La tige est composée de longs entrenœuds mesurant 18 cm à 35 cm de longueur. La taille importante des entrenœuds leur garantit une très bonne résistance.

Spécimens examinés :

Forêt de Taï, 28 Février 1965, AKé Assi 7794, Route de Tabou, entre Taï et Grabo, forêt près de Ziriglo, 4 juin 1973, Aké Assi 12087

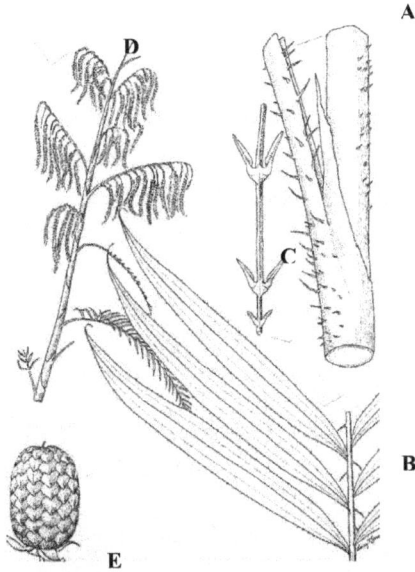

Figure 2. *Laccosperma secundiflorum* (P. Beauv.) Küntze : **A**-Portion de tige; **B**-Portion de feuille; **C**-Cirre ; **D**- Portion d'inflorescence; **E**-Fruit (Modifié de Sunderland, 2001a)

Les espèces de *Laccosperma* ont un taux relativement élevé de fibres épaisses, des vaisseaux à diamètre plutôt étroit et, partant, une densité plus élevée que les tiges des autres genres. Leur résistance est donc meilleure et elles sont renommées pour leur durabilité (Weiner & Liese, 1994; Schmitt *et al.*, 1995). *Laccosperma secundiflorum* est doté d'un appareil végétatif souterrain assez complexe. Des tiges souterraines volumineuses appelées rhizomes se développent à la base des bulbes. Les rhizomes engendrent de jeunes pousses appelées rejets à la surface du sol (Dransfield, 1979; Uhl & Dransfield, 1987). Des racines se développent sur le bulbe et sur les rhizomes.

La formation de pousses sur ces organes souterrains suggère la présence de bourgeons ou de méristèmes axillaires. Cela permet d'envisager donc des perspectives de recherche sur leur bouturage.

1.2.2 *Eremospatha macrocarpa* (G. Mann & H. Wendl.)
Wendl. Russell, F.W.T.A., ed. 2, 3 : 168 (1968).

Eremospatha macrocarpa est une espèce en bouquet qui peut produire plusieurs dizaines de tiges sur une même touffe. Espèce de petite tige, elle peut grimper de 50 à 75 m de hauteur mais peut atteindre parfois des longueurs de 150 m (Sunderland, 1999; Kouassi, 2007). La feuille pennée mesure en moyenne 1,25 m et porte plus de 50 lobes linéaires plus larges vers le pétiole. La nervure principale se termine en cirre qui lui permet de grimper sur son support. Les feuilles de *Eremospatha macrocarpa* sont caractérisées par une grande diversité de forme depuis le stade juvénile jusqu'au stade adulte. Ceci a créé des confusions dans la taxonomie. Le diamètre de la tige sans gaine foliaire varie de 1 cm à 1,8 cm. La canne est composée de longs entrenœuds de 13 cm à 18 cm de longueur (**Figure 3**).

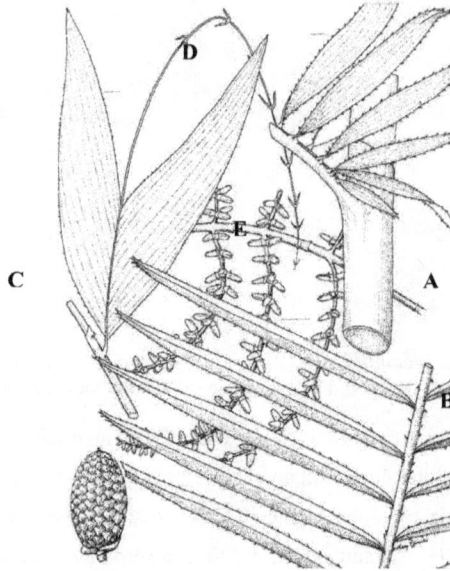

Figure 3. *Eremospatha macrocarpa* (G. Mann & H. Wendl.) H. Wendl : **A**-Portion de tige et portion de feuille; **B**-Portion de feuille d'un pied âgé; **C**-Feuille d'un pied jeune ; **D**-Cirre; **E**-Portion d'inflorescence ; **F**-Fruit (Modifié de Sunderland, 2001a)

Le faible diamètre des cannes associé aux longs entrenœuds assure leur plus grande flexibilité. À cela il faut ajouter la structure anatomique des cannes caractérisée par une prédominance des fibres minces (Sunderland, 2001a, 2005).

Contrairement à l'espèce *Laccosperma secundiflorum*, *Eremospatha macrocarpa* est dépourvue de rhizome. La multiplication végétative est essentiellement assurée par les rejets émis à la base de la touffe (Dransfield, 1979).

Spécimen examiné :

Forêt de Yapo, 25 Septembre 1952, Aké Assi S.N

1.3 Reproduction

D'une manière générale, les rotins se reproduisent soit par les graines, soit par les rejets. Ces deux types de reproduction sont communs aux espèces en touffe. Cependant, les espèces solitaires qui, biologiquement, ne peuvent émettre des rejets à la base ne se multiplient uniquement que par les graines.

Ce chapitre présente les différentes formes de reproduction conventionnelle qui assurent la pérennité des rotins. Nous mettrons un accent sur la particularité du mode de reproduction des deux espèces étudiées dans le présent travail: *Laccosperma secundiflorum* et *Eremospatha macrocarpa*.

1.3.1 Reproduction végétative

Les rotins se développent soit à partir d'une seule tige, on parle d'espèce solitaire, soit en bouquet par la production de plusieurs cannes à partir de rejets, on parle d'espèce en bouquet ou en touffe. *L. secundiflorum* et *E. macrocarpa* sont toutes deux des espèces qui se développent en touffe. Leur multiplication végétative est assurée par les rejets et les rhizomes développés à la base des tiges pour la première espèce citée et uniquement à partir des rejets pour la seconde (Dransfield, 1979). Dans les cultures traditionnelles et dans certains programmes de valorisation de la sylviculture du rotin, ces organes sont utilisés comme semences (Dransfield, 1979; Yusoff & Manokaran, 1985; Zoro Bi & Kouakou, 2004b). La survie de ces organes en plantation après leur prélèvement dépend de plusieurs facteurs dont la saison de prélèvement et la facilité de les prélever sans les blesser (Yusoff & Manokaran, 1985). L'utilisation des rejets et des rhizomes représente le meilleur moyen économique de clonage des espèces présentant les meilleures caractéristiques génétiques. Les travaux de Zoro Bi et Kouakou (2004b) ont montré que plus de 74% des rejets et des rhizomes bouturés se développent en jeunes plants et que le pourcentage de mortalité se situait entre 7 et 30%. La réduction de ce pourcentage de mortalité, afin d'optimiser la production de jeunes plants à partir de cette technique nécessite la prise en compte de certains facteurs de multiplication végétative.

Par ailleurs, à côté de la reproduction végétative qui est le principal mode de reproduction chez *Laccosperma secundiflorum* et *Eremospatha macrocarpa*, ces deux espèces se reproduisent également par voie sexuée.

1.3.2 Reproduction sexuée

Les rotins ont développé différents régimes de reproduction sexuée selon les genres. Les deux espèces faisant l'objet de la présente étude sont hermaphrodites. Le mode de floraison des rotins est une caractéristique écologique importante du point de vue de leur gestion. La floraison chez les rotins peut être de deux types :

- l'hapaxanthie qui caractérise *Laccosperma secundiflorum* est une floraison unique qui se particularise par la production simultanée de fleurs, au niveau du méristème apical de la tige. Après la floraison et la fructification, la tige meurt. Concernant les espèces de rotins hapaxanthiques à tige unique, tout l'organisme meurt après la production de fruits. S'agissant des espèces qui se développent en touffe, les rejets assurent la régénération de l'espèce et seule la tige fleurie meurt (Dransfield, 1979). Pendant la fructification, certaines espèces telles que *Laccosperma secundiflorum* peuvent produire plus de 5000 fruits qui mûrissent presqu'au même moment (Dransfield, 1979; Nasi & Monteuuis, 1992) ;

- la pléonanthie qui caractérise *Eremospatha macrocarpa* est une floraison multiple. Les espèces pléonanthiques fleurissent au niveau des méristèmes axillaires ou latéraux situés à l'aisselle des feuilles. Les plantes de ces espèces fructifient plusieurs fois dans leur vie (Dransfield, 1979). La fructification chez les espèces pléonanthiques est moins abondante que celle observée chez les hapaxanthiques.

La dispersion des graines de rotins est en grande partie assurée par des oiseaux. Toutefois, certains primates et des rongeurs qui sont soit attirés par la couleur vive des graines à maturité ou qui les consomment, interviennent dans leur dispersion (Dransfield & Manokaran, 1993; Sunderland, 2001b). Les graines des rotins sont caractérisées par un très faible pouvoir germinatif. Le pourcentage de germination des graines est très faible pour la plupart des espèces. Mais le pourcentage de germination peut varier de 0,02 à 83% selon les espèces. Les graines ne tolèrent pas la dessiccation et peuvent être classées dans le groupe de graines dites récalcitrantes qui caractérisent la plupart des graines tropicales (Manokaran, 1978; Mori & Rahman, 1980; Nasi & Monteuuis, 1992).

Le mode de floraison, notamment chez les rotins hapaxanthiques, constitue une menace pour la survie de l'espèce elle-même, surtout quand les récoltes sont fréquentes. En effet, une espèce solitaire et hapaxanthique est exposée à une extinction probable par rapport à une autre qui se présente en touffe et pléonanthique. Aussi, le très faible pouvoir germinatif des graines, associé à la surexploitation des cannes, ne pourraient garantir un approvisionnement soutenu de cannes pour le marché du rotin. Il est donc nécessaire de trouver des méthodes artificielles de multiplication rapide de jeunes plants en vue de la valorisation des espèces qui présentent une importance économique.

1.4 Ecologie

Le nombre élevé d'espèces de rotins et leur vaste distribution géographique laisse entrevoir une grande diversité écologique. L'écologie des rotins semble assez complexe et la plupart des préférences écologiques ont généralement été identifiées de manière approximative durant les inventaires taxonomiques (Dransfield & Manokaran, 1993 ; Sunderland, 2001a). Pourtant, ces synthèses écologiques générales ont une valeur inestimable car elles servent de base pour définir les systèmes de cultures (Ali & Barizan, 2001).

Dans ce chapitre, nous retraçons de façon sommaire la biogéographie des rotins.

• Biogéographie

Les recherches sur les rotins asiatiques ont montré que l'abondance, la diversité et la distribution des rotins sont étroitement liées aux facteurs édaphiques et climatiques (Siebert, 1993; Bogh, 1996; Siebert, 2005). Selon les espèces, les rotins abondent dans les marais, sur les flancs de montagnes et dans les forêts secondaires (Patena *et al.*, 1984; Haridasan, 1997; Watanabe & Suzuki, 2008). Ils présentent cependant un grand degré d'endémisme. Plus de la moitié des espèces de rotin sont endémiques à la péninsule malaisienne. On remarque une grande richesse spécifique entre 1180 et 1280 m d'altitude dans certaines régions de l'Asie (Siebert, 2005). Alors qu'au-delà de 1000 m d'altitude dans d'autres régions, on constate une diminution considérable de la diversité spécifique (Dransfield, 1979, 1981).

La flore africaine est caractérisée par sa pauvre représentation en palmiers comparée à l'extraordinaire richesse de palmiers de l'île de Madagascar (170 espèces réparties en 16 genres). Sur tout le continent africain, il existe seulement 15 genres de palmiers dont sept d'entre eux y sont endémiques (Moore, 1971; Dransfield, 1988). En plus de cette rareté, il existe une très grande différence morphologique entre les différents taxons. Les travaux archéologiques réalisés en divers endroits du continent africain ont révélé la présence de pollens de palmier qui n'existent plus sur ce continent. Ce qui fait penser à certains auteurs que les palmiers africains constituent la relique d'une flore qui autrefois était très riche en palmiers (Moore & Uhl, 1982; Dransfield, 1988). L'extinction se serait passée entre l'Oligocène et le Miocène au profit du Sud Est asiatique. Les refuges floristiques se réalisant au moment de la stabilité progressive de conditions climatiques, correspondraient bien aux phénomènes de spéciation et d'endémicité des rotins africains (White, 1986; Morat & Lowry, 1997). Ainsi, la plus grande zone de refuge est la zone Guinéo-Congolaise qui s'étend du Sud Est du Nigéria au Gabon avec 17 espèces de rotins, vient ensuite la région du Kivu au centre de la République Démocratique du Congo avec neuf espèces et les forêts de la Haute Guinée entre la Côte d'Ivoire et le Libéria avec huit espèces (Kouassi, 2007).

Dans la littérature, peu de travaux ont été réalisés sur l'association des rotins et les autres plantes. Cependant, certaines études ont révélé que l'écologie des rotins est étroitement liée à leur diversité spécifique, leur densité ainsi que leur distribution spatiale (Dransfield, 1992; Mathew & Bhat, 1997). Selon Watanabe et Suziki (2008), la diversité, l'abondance et la distribution spatiale du rotin de deux îles de l'Indonésie (Bornéo et Java) sont étroitement liées aux types de forêt qui caractérisent ces deux régions. La diversité spécifique et la densité des cannes de certaines espèces sont élevées dans les forêts à Dipterocarpaceae contrairement aux forêts dominées par les Fabaceae, les Crypteroniaceae et les Thymelacaccac. En Afrique, les études réalisées par Sunderland (2001a) sur l'abondance et la diversité spécifique des rotins dans trois sites différents du Cameroun ont révélé ceci :

- les sites de Mokoko et Takamanda qui renfermaient une plus grande diversité floristique sont caractérisés par une grande diversité spécifique de rotins ; avec les indices de Shannon $H = 1,09$ et $H = 1,01$, respectivement pour Mokoko et Takamanda ;

- le site de Campo dont la végétation est essentiellement composée de Cesalpiniaceae est caractérisé par une faible diversité génétique des rotins ($H = 0,31$).

Ces résultats confirment les travaux de Dransfield (1992) qui ont révélé que la diversité des espèces de rotin est corrélée positivement à la diversité spécifique des autres associations végétales.

Les aires de distribution des rotins africains sont caractérisées par des forêts ombrophiles équatoriales. Ces aires se situent du niveau de la mer jusqu'à 1500 m d'altitude. La pluviométrie moyenne enregistrée dans ces zones varie entre 3000 et 4500 mm de pluie alors que les températures moyennes annuelles enregistrées se situent autour de 27 °C (Dransfield, 2001; Sunderland, 2005). Les espèces *Eremospatha macrocarpa* et *Laccosperma secundiflorum* sont très répandues. Elles s'étendent depuis le Sénégal jusqu'au bassin du Congo (**Figures 4 et 5**). L'espèce *E. macrocarpa* est extrêmement exigeante en lumière. Elle se développe sur les terres fermes des forêts, colonise rapidement les trouées et abonde aux abords des pistes. Elle se rencontre rarement dans les zones marécageuses (Sunderland *et al.*, 2004). Quant à *L. secundiflorum*, elle peut se rencontrer dans les forêts hautes sous la canopée des arbres et dans les zones marécageuses. Elle n'est pas assez exigeante vis-à-vis de la lumière (Sunderland, 2000).

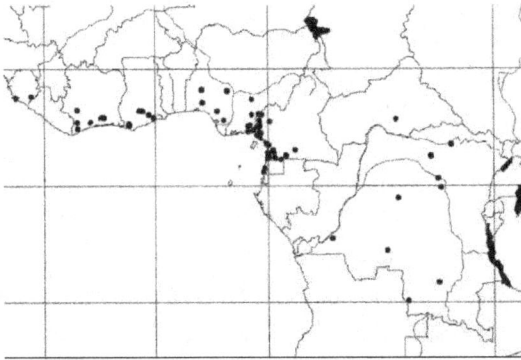

Figure 4. Aires de distribution de l'espèce *Eremospatha macrocarpa* (G. Mann & H. Wendl.) H. Wendl (Modifié de Sunderland, 2001a)

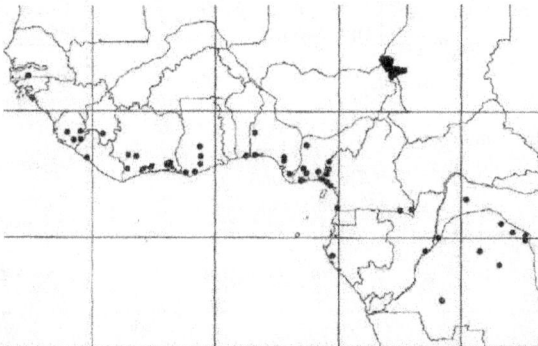

Figure 5. Aires de distribution de l'espèce *Laccosperma secundiflorum* (P. Beauv.) Küntze (Modifié de Sunderland, 2001a)

On remarque que les aires de répartition naturelle des rotins en Asie ou en Afrique caractérisent parfois des écosystèmes difficilement exploitables ou des écosystèmes anthropisés. Le développement de la sylviculture du rotin peut donc constituer une alternative à la valorisation d'écosystèmes jusque là non exploitables et favorables au système d'agroforesterie.

1.5 Importance socio-économique des rotins

Les rotins constituent une source importante de revenus pour de nombreuses populations rurales. Ils sont également à la base d'activités artisanales et industrielles prospères (Sastry, 2001). Les organisations d'aide au développement et les gouvernements ont depuis longtemps reconnu le rôle potentiel des rotins africains sur le marché mondial, ainsi que la place importante qu'ils occupent dans le secteur régional des produits forestiers non ligneux (Sunderland, 2001b). Malheureusement, tant au plan mondial qu'à celui des pays pris individuellement, on ne dispose pas de statistiques réellement fiables sur le volume et la valeur des échanges.

Bien que de nombreuses espèces africaines de rotin soient utilisées localement pour de multiples objectifs, les échanges commerciaux se concentrent sur la récolte d'un petit nombre d'espèces très répandues et relativement communes (Sunderland, 2001b). Le **tableau 1** présente les principales espèces commerciales de rotin utilisées dans différentes régions de l'Afrique.

Tableau 1. Espèces de rotin présentant un intérêt commercial par région en Afrique (Sunderland, 2001a)

Région	Principales espèces commerciales	Autres espèces présentant un intérêt commercial
Afrique occidentale (Sénégal, Côte d'Ivoire, Ghana, Bénin, Nigéria)	*Laccosperma secundiflorum* *Eremospatha macrocarpa*	*Eremospatha hookeri* *Calamus deërratus*
Afrique centrale (Cameroun, Congo, Gabon, G. Equatorial, RD Congo, R. Centrafricaine)	*Laccosperma robustum* *Eremospatha macrocarpa* *Eremospatha haullevilleana*	*Laccosperma secundiflorum*
Afrique australe et orientale (Zambie, Ouganda, Kenya, Tanzanie)	*Calamus deërratus*	*Eremospatha haullevilleana*

Cette partie de la bibliographie passe en revue les principales utilisations du rotin, son commerce et les différents groupes socioprofessionnels impliqués dans le circuit d'exploitation du rotin.

1.5.1 Utilisation du rotin

Les cannes de rotin ont une grande variété d'utilisation. Leur flexibilité associée à leur résistance font d'elles des ressources idéales pour la confection d'articles divers (Falconer, 1993; Sunderland, 2004). En effet, si l'ameublement est aujourd'hui l'utilisation la plus connue des rotins, nombreuses sont celles que les populations pratiquaient depuis des siècles (Dransfield & Manokaran, 1993). En Inde, de nombreux habitants des zones rurales vivent de la récolte et du nettoyage du rotin. Ces habitants se servent du rotin pour la construction des maisons, la fabrication des radeaux, des paniers et des perches pour transporter des marchandises (Renuka, 2001). La gaine épineuse sert à râper les noix de coco. Les longues cannes de rotins sont également utilisées pour la construction de ponts. Les populations Tharu (Malaisie) utilisent les bâtons de rotin considérés comme matériels sacrés car ils sont sensés tenir à distance les esprits maléfiques. Certaines populations autochtones du Bangladesh utilisent les jeunes feuilles, les racines et les extrémités des pousses de rotin comme médicaments et comme légumes (Sengdala & Evans, 1999; Evans, 2001; Renuka, 2001). En Afrique centrale, à côté des diverses utilisations similaires à celles mentionnées en Asie, on note une impressionnante utilisation des cannes pour la confection des ponts ('hamac') sur les rivières (Sunderland *et al.*, 2002).

En Côte d'Ivoire, divers usages traditionnels ont été notés par Aké Assi (1997) et par Zoro Bi et Kouakou (2004a). Parmi ces usages, on peut citer la construction des habitations rurales, la vannerie, l'ameublement et l'artisanat décoratif. Le cœur des pousses de *Laccosperma secundiflorum* est consommé sous l'appellation francisée d'asperge (Aké Assi, 1992). Selon Zoro Bi et Kouakou (2004a), les principales formes d'utilisation du rotin par les artisans ivoiriens sont l'artisanat utilitaire et l'artisanat décoratif qui représentent à eux seuls 82 % de l'utilisation du rotin.

1.5.2 Commerce du rotin en Asie

Le rotin est l'un des principaux Produits Forestiers Non Ligneux (PFNL) qui entrent dans le commerce international. L'Indonésie occupe indiscutablement le premier rang parmi les pays du monde qui produisent ou qui exportent les produits du rotin (Unchi, 1998). Ces productions, issues en grande partie des populations sauvages et très peu des plantations, représentent environ 80 à 90% de la matière première mondiale (Renuka, 2001). D'importants volumes sont aussi exportés par les Philippines, la Malaisie, la Chine, la Thaïlande et d'autres régions comme l'ancienne Indochine.

L'industrie du rotin en Asie reste à plus de 90% artisanale. D'une manière générale, l'exploitation du rotin est une activité à fort coefficient de main-d'œuvre. Elle emploie au moins 1,2 million de personnes en Asie et génère environ 6,5 milliards de dollars US par an (Sastry, 2001). De 1970 à 1980, le taux d'exportation des produits de rotin de l'Asie s'était accru de 20 à 50% par an. Mais ce taux s'est considérablement réduit à partir des années 1980 à cause de l'épuisement des ressources. Afin de promouvoir les industries de transformation nationales, tout en contribuant à atténuer l'épuisement des ressources en rotins, les gouvernements des principaux pays asiatiques producteurs de rotin ont interdit l'exportation de cannes brutes et/ou imposé des droits de douanes onéreux sur l'exportation des produits semi-transformés (Unchi, 1998).

1.5.3 Circuits d'exploitation du rotin en Afrique

Dans toute son aire de répartition en Afrique, le rotin est récolté et transporté dans des conditions et des circonstances remarquablement constantes (Sunderland & Obama, 1999). Les travaux de Sunderland (2001a) et de Zoro Bi et Kouakou (2004a) effectués sur la filière de l'exploitation du rotin au Cameroun et en Côte d'Ivoire, respectivement, ont révélé l'implication de plusieurs couches socioprofessionnelles dont les plus importantes sont les collecteurs, les marchands de cannes, les artisans, les industriels et les consommateurs (**Figure 6**).

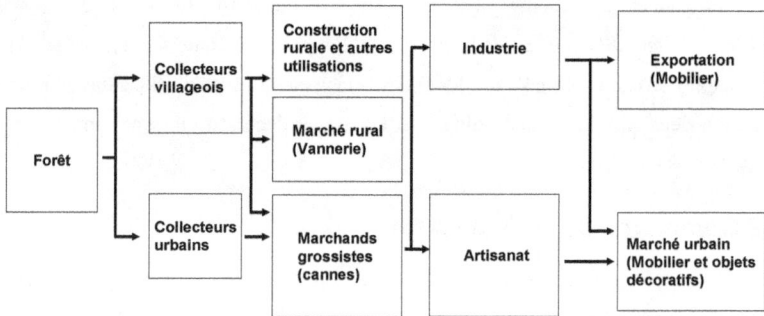

Figure 6. Schéma général du circuit d'exploitation du rotin dans le district d'Abidjan-Côte d'Ivoire (Zoro Bi & Kouakou, 2004a)

1.5.3.1 Collecteurs et marchands de cannes

Les collecteurs préfèrent normalement récolter au bord des routes et des pistes pour éviter le chargement des bottes de canne sur la tête. Une botte de rotin mesure trois mètres de longueur et comporte 15 à 20 cannes de gros diamètre ou 100 à 120 cannes de petit diamètre. Les collecteurs n'ont aucune notion de la gestion des ressources phytogénétiques. Ils tendent à exploiter la même zone jusqu'à épuisement totale des cannes récoltables (Zoro Bi &

Kouakou, 2004). L'épuisement des ressources locales observable près de nombreux centres urbains oblige désormais les collecteurs à aller au 'cœur' de la forêt (Defo, 1999; Profizi, 1999). Le surcoût de transport occasionné par cette extension de l'aire détermine un lent redressement des prix des cannes brutes, qui est ressenti au niveau du marché.

Au Cameroun comme en Côte d'Ivoire, la récolte des cannes de rotins est effectuée soit par les villageois, soit par les collecteurs urbains, soit encore par les artisans venant de la ville. Pour les villageois, la collecte représente une activité secondaire qui n'est exercée que sur la demande des exploitants urbains. Cette activité leur procure un revenu supplémentaire destiné, dans la plupart des cas, à satisfaire les besoins occasionnels (Sunderland, 2001b ; Zoro Bi & Kouakou, 2004a). Si le collecteur n'est pas originaire de la zone, il verse au chef du village local une petite provision pour le droit d'accès à la forêt. Au Cameroun, l'essentiel des approvisionnements est assuré par les villageois qui, après la récolte des cannes, les vendent directement aux artisans (Sunderland, 2001a). En Côte d'Ivoire, les cannes collectées à travers le pays sont transportées vers le marché de gros de la ville d'Anyama. En effet, les collecteurs qui d'une manière générale ne détiennent aucun permis d'exploitation des PFNL, travaillent pour les marchands de cannes grossistes installés dans cette ville (Zoro Bi & Kouakou, 2004a). Les collecteurs opèrent généralement en équipe de quatre à six personnes et une expédition de collecte de 250 bottes qui constitue un chargement de camion peut durer de 45 à 90 jours avec un revenu net par collecteur de 74500 F CFA. Les marchands grossistes vendent la botte de rotin aux artisans à un prix variant entre 4500 et 6000 FCFA et réalisent sur les 250 bottes un gain net de 557400 F CFA (Zoro Bi & Kouakou, 2004a).

La majorité des collecteurs et des marchands sont analphabètes ou ont un niveau de formation moyen si bien qu'ils n'ont pas une bonne connaissance des notions de foresterie et de gestion des ressources génétiques des plantes (Sunderland, 2001a). Les systèmes traditionnels d'aménagement à long terme des ressources en rotin sont inconnus en Afrique. Le rotin est considéré comme une ressource à 'accès libre' et les lois coutumières réglementant sa récolte à l'état naturel sont rares, voire inexistantes (Sunderland, 1999).

1.5.3.2 Artisans et industriels

Les artisans sont organisés en petits groupes de trois à quatre personnes installées en plein air, généralement le long des grandes routes ou dans des ateliers rudimentaires installés sur des sites interdits à la construction (Sunderland, 2001a ; Zoro Bi & Kouakou, 2004a). Les artisans sont approvisionnés en cannes par les marchands. En Côte d'Ivoire, un total de 60 ateliers et plus de 200 artisans ont été répertoriés à travers cinq communes d'Abidjan (Zoro Bi & Kouakou, 2004a). L'essentiel du travail des artisans consiste à confectionner le mobilier (**Figure 7**) qui représente 81% de leur étalage, les 19% restant représentant les objets de décorations et divers autres accessoires. Tout le travail, depuis le grattage des cannes au vernissage des articles, est manuel (Oteng-Amoako & Obiri-Darko, 2002). Selon Zoro Bi et Kouakou (2004a), une fréquence moyenne de trois à quatre 'salons' (ensemble de cinq fauteuils) sont vendus par atelier et ceci procure à l'artisan un bénéfice mensuel de 135000 à 205000 F CFA.

Figure 7. Meubles fabriquées avec les cannes de *Laccosperma secundiflorum* (l'armature) et de *Eremospatha macrocarpa* (G. Mann & H. wendl) H. Wendl (Zoro Bi & Kouakou, 2004a)

L'industrie du rotin connait un déclin remarquable en Afrique et particulièrement en Côte d'Ivoire. En effet, les produits du rotin, jusque là ne proviennent que des populations sauvages. La surexploitation et la disparition de leurs habitats naturels exerce donc une forte pression sur la disponibilité des ressources du rotin. L'artisanat et l'industrie sont alors de moins en moins approvisionnés (Sunderland & Obama, 1999). Il est important de souligner que les produits en rotin de fabrication industrielle coûtent 10 fois plus cher que les articles artisanaux. Il faut, cependant, indiquer que les produits fabriqués par les industriels présentent une plus belle finition, probablement due à la performance de l'outillage utilisé. En Côte d'Ivoire, jusqu'en 2000, il existait trois entreprises industrielles de transformation du rotin (Zoro Bi & Kouakou, 2004a).

1.5.3.3 Consommateurs

Il ressort des travaux de Zoro Bi et Kouakou (2004a) qu'avant 1990, les articles en rotin étaient utilisés presque exclusivement par les coopérants européens et américains qui leur accordaient une importante valeur artistique. Mais, à partir des années 1990, suite à la baisse des prix des cultures de rente, on a assisté à une prolifération d'ateliers d'artisans de rotin dans le district d'Abidjan. Ceci a eu pour conséquence la chute des prix des articles en rotin et suscité un engouement de la part des étudiants et des jeunes fonctionnaires. Ceux-ci affirment qu'ils préfèrent les articles en rotin pour plusieurs raisons : l'authenticité, le prix relativement bas par rapport aux articles en bois, la résistance relativement élevée aux attaques d'insectes et le caractère léger et peu encombrant (Zoro Bi & Kouakou, 2004a).

Le rotin offre une bonne opportunité économique pour améliorer les conditions de vie de plusieurs couches socioprofessionnelles, en particulier le monde rural. La collecte du rotin peut se faire à n'importe quel moment de l'année, ce qui pourrait assurer la disponibilité et la régularité de revenus au niveau paysan, contrairement aux grandes cultures dont les traites sont saisonnières.

1.5.4 Culture des rotins

Malgré leur grande importance socio-économique, les rotins se récoltent presque exclusivement à partir de populations naturelles. Les menaces d'extinction dues à leur surexploitation ou aux agressions de leurs aires de répartition ont conduit au lancement de plusieurs programmes de promotion de la culture du rotin (Sastry, 2001). Ces programmes de plantations commerciales visaient des objectifs de diversification de l'agriculture à travers des systèmes d'agroforesterie.

1.5.4.1 Culture du rotin en association avec les cultures itinérantes

Les détails du système de culture varient entre les agriculteurs et les endroits, mais les éléments de base sont les mêmes. Les cultivateurs sèment les graines de rotin, ou plantent des sauvageons ou des plantules dans un champ agricole nouvellement établi (ou *ladang*) dans le cadre des systèmes de culture itinérante. Les jeunes plants de rotin sont protégés dans le *ladang*, et lorsque l'agriculteur le quitte pour cultiver une nouvelle parcelle un ou deux ans plus tard, les rotins continuent de pousser au milieu de la végétation forestière secondaire où ils bénéficient d'une intensité de lumière satisfaisante à leur croissance. La densité de plants varie de 50 à 350 plants par hectare (Belcher, 2001).

1.5.4.2 Culture du rotin en intercalaire avec l'hévéa, le cacaoyer et le caféier

La culture en intercalaire de rotin dans les plantations commerciales d'hévéa répondait à un concept bien similaire à celui de l'agroforesterie, qui vise à accroître la fertilité du sol et de ce fait à améliorer le revenu des paysans (Ali & Barizan, 2001). En effet, en Asie, seules trois espèces à savoir: *Calamus manan*, *Calamus scipionum* Lour. et *Calamus palustris* Griff. se sont révélées appropriées à la culture sous hévéas. L'âge des hévéas, au moment de l'adjonction des rotins, et les densités de plantation à l'hectare sont aussi d'importants facteurs qu'il convient de déterminer à l'avance. Pour une meilleure association, le rotin doit être planté dans les interrangs lorsque les hévéas ont entre quatre et sept ans (Aminuddin *et al.*, 1991; Ali & Barizan, 2001). Tous les clones d'hévéas ne sont pas aussi appropriés, comme arbres de soutien ou d'ombrage. Ils présentent des différences dans le port ou la robustesse des branches et dans la vulnérabilité au vent (Aminuddin *et al.*, 1991). Même si aucune étude n'a été effectuée pour déterminer si la production de latex des hévéas était affectée par la présence des rotins, cependant, cette culture associée pose quelques problèmes d'aménagement. Selon Aminuddin *et al.* (1991), le rotin peut gêner les opérations de saignée. La couronne dense du rotin peut allonger le temps de séchage du fût des hévéas après la pluie. La récolte du rotin peut aussi abîmer les branches des hévéas.

Siebert (2000) a montré que la culture de *Calamus zollingeri* Becc. en intercalaire avec le caféier et le cacaoyer est un moyen potentiel de diversification et d'intensification des systèmes de culture. En effet, il a été noté un taux de survie de plus 96% de plants de rotin avec une croissance moyenne annuelle de 25 cm de hauteur.

1.5.4.3 Culture du rotin associé à d'autres arbres

Les possibilités de planter les rotins en association avec d'autres plantes telles que le palmier à huile sont encore à l'étude. Le *Forest Research Institut Malaysia* (FRIM) a réalisé une étude sur l'association de la culture du rotin et du bambou (Ali & Raja, 2001).

Des plantations de rotins, établies soit dans les zones forestières défrichées, soit comme cultures agroforestières dans des formations d'hévéas ou d'autres essences, permettront non seulement d'atténuer les pressions sur les forêts naturelles surexploitées, mais aussi de diversifier l'agriculture en Afrique tropicale humide où abondent les ressources du rotin.

2

Méthodologie de régénération des ressources phytogénétiques

La régénération des ressources phytogénétiques est le processus par lequel la reproduction d'une plante est assurée par les semences (graines ou organes végétatifs). Bien que les techniques de régénération utilisant des graines ou du matériel végétatif (tels que des boutures) soient les plus communes pour produire de nouveaux plants, il existe, cependant, de nombreuses autres techniques utilisées dans des situations particulières. Beaucoup d'entre elles requièrent une connaissance spécialisée et ont été développées pour faciliter l'amélioration génétique et la production à grand échelle de fruits ou des plantules (FAO, 2008; Kouakou *et al.*, 2008; Kouakou *et al.*, 2009b).

Ce chapitre présente quelques techniques de régénération des ressources phytogénétiques.

2.1 Régénération par les graines

Les graines jouent un rôle fondamental dans l'alimentation des hommes et des animaux et constituent de ce fait un levier essentiel dans l'économie mondiale (Bewley, 2003). Elles assurent également la pérennité des espèces végétales par la germination de l'embryon zygotique. Cette germination est essentiellement contrôlée par des facteurs environnementaux et génétiques (Ellis & Hong, 1996).

Robert (1973) et Robert et King (1980) classent les espèces à graines en deux grandes catégories : les espèces dites orthodoxes et les espèces dites récalcitrantes. Elles se distinguent essentiellement par leur aptitude, leur facilité et leur durée de conservation. Les espèces orthodoxes se caractérisent par des graines qui peuvent être conservées pendant de longues périodes, la durée de conservation étant corrélée très souvent avec une diminution de la teneur en eau des graines. Cette teneur en eau doit être inférieure à 5% du poids frais de la graine pour les conservations à long terme (Robert & King, 1980). Les espèces récalcitrantes se caractérisent au contraire par des graines dont le pouvoir germinatif se conserve plus difficilement à long terme. La perte de la viabilité des graines est déjà remarquable lorsque leur teneur en eau passe entre 50 et 35% du poids frais (Pammenter & Berjak, 2000). La perte de viabilité est corrélée à la réduction de la teneur en eau de ces graines (Robert & King, 1980; Normah *et al.*, 1997). Ce qui distingue essentiellement les graines orthodoxes et récalcitrantes, c'est la tolérance à la dessiccation.

Les facteurs physiologiques ou structurels qui contrôlent la germination des graines en général sont assez développés dans la littérature (Ellis *et al.*, 1987 ; Black, 1994 ; Allen *et al.*, 2007). Cependant, très peu d'études ont été effectuées sur la physiologie des graines de rotin, leur processus de germination reste peu connu. La compréhension de ces facteurs est pourtant essentielle si l'on veut notamment améliorer de manière substantielle l'aptitude des graines à la conservation ou à la germination. A côté des difficultés rencontrées dans la conservation des graines, certaines, qu'elles soient orthodoxes ou récalcitrantes, ne parviennent pas à germer même lorsqu'elles sont placées dans des conditions optimales de germination. On parle alors de dormance.

2.1.1 Dormance des graines

La germination d'une graine est généralement conditionnée par plusieurs facteurs dont l'eau, l'oxygène et la température. Certaines graines restent toutefois sensibles à la lumière (Finch-Savage & Leubner-Mertzger, 2006). Les terminologies utilisées pour la classification de la dormance des graines diffèrent selon les auteurs. Selon Ellis *et al.* (1987), on distingue plusieurs types de dormances qui sont :

- une dormance exogène imposée par les facteurs extérieurs à l'embryon. Ces barrières sont essentiellement constituées de tissus de la graine, notamment les téguments ou le péricarpe. La dormance exogène peut être répartie en trois types : une dormance physique caractérisée par une imperméabilité des téguments de la graine, une dormance mécanique où les membranes ou les téguments empêchent la croissance de la radicule, et une dormance chimique due à la présence d'inhibiteurs dans les téguments de la graine ;

- une dormance endogène provoquée par les facteurs innés à l'embryon. Ce type de dormance peut être subdivisé en une dormance morphologique caractérisée par la malformation ou le développement incomplet de l'embryon et en une dormance physiologique ;

- et une double dormance qui est une combinaison de la dormance endogène et exogène.

Pour Finch-Savage et Leubner-Metzger (2006), la dormance des graines peut être d'ordres physiologiques, morphologiques et physiques :

- la dormance physiologique est la forme la plus couramment rencontrée chez les gymnospermes et les angiospermes. Selon Baskin et Baskin (2004), la dormance physiologique peut être subdivisée en dormance physiologique profonde, intermédiaire et non profonde. Dans la dormance physiologique profonde, l'embryon excisé et mis en culture sur milieu approprié ne germe pas ou donne des plantules anormales. La gibbérelline reste sans effet sur ce type de dormance. Cependant, plusieurs mois de stratification, à chaud ou à froid selon les espèces, permettent de lever ce type de dormance. La dormance physiologique intermédiaire est rencontrée chez la plupart des Arecaceae (Finch-Savage *et al.*, 1998). Quant à la dormance physiologique non profonde, elle se rencontre chez la plupart des plantes. Les embryons, issus de ces deux dernières catégories de dormance, une fois excisés, germent normalement sur milieu artificiel. Les traitements à la gibbérelline, les scarifications permettent également de lever ces types de dormance ;

- dans la dormance morphologique, les embryons peu développés mais différenciés sont de taille assez réduite. Ces embryons ne possèdent pas de dormance physiologique mais demandent assez de temps pour leur croissance et leur germination ;

- la dormance morphophysiologique regroupe les deux premières formes de dormance ;

- la dormance physique est caractérisée par l'imperméabilité à l'eau des téguments de la graine. Les scarifications chimiques et mécaniques permettent d'induire la germination de ces graines.

2.1.2 Traitements susceptibles de faciliter la germination

Divers traitements sont capables de faciliter la germination. Mais ces techniques de levée de dormance des graines sont d'autant plus efficaces que le type de dormance est préalablement défini (Baskin & Baskin, 2004; Kouakou *et al.*, 2009a).

2.1.2.1 Enrichissement de l'atmosphère en oxygène

L'enrichissement de l'atmosphère en oxygène est indispensable pour les semences dont les téguments s'opposent souvent à la germination en privant l'embryon d'oxygène. L'action des fortes pressions partielles d'oxygène est loin d'être générale, car le surcroît d'oxygène qu'elles entraînent au niveau de l'embryon est assez faible quand les enveloppes sont épaisses et quand elles sont riches en composés phénoliques (Mazliak, 1982; Debeaujon *et al.*, 2007).

2.1.2.2 Scarification

La scarification consiste à effectuer des blessures sur les téguments des graines pour faciliter la germination. Cette scarification peut être effectuée de façon mécanique (coupure, piqûre, usure des enveloppes) ou par voie chimique par immersion des semences pendant une durée limitée dans de l'acide sulfurique concentré. Dans les conditions naturelles, elle peut aussi résulter de la dégradation partielle des enveloppes par des champignons et des bactéries. Tous ces traitements réduisent l'obstacle au passage de l'eau et de l'oxygène créé par ces enveloppes (Debeaujon *et al.*, 2007; Nonogaki *et al.*, 2007).

2.1.2.3 Lixiviation

Le lavage prolongé des semences à l'eau courante, avant leur ensemencement, peut améliorer leur germination. Un simple trempage dans de l'eau à parfois le même effet. On pense souvent que ces traitements permettent d'éliminer des inhibiteurs de germination hydrosolubles. Il s'agit surtout de l'extraction d'une partie des composés phénoliques (Mazliak, 1982).

2.1.2.4 Stratification

La stratification qui consiste à conserver des graines à de basses températures sur une période relativement longue améliore la germination des graines de nombreuses espèces issues des pays tempérés (Yang *et al.*, 2007). La stratification fait disparaître beaucoup d'inhibiteurs tégumentaires, sans que l'on sache clairement comment elle intervient. Son rôle dans l'élimination des phénols par lixiviation n'est sans doute pas négligeable, mais elle peut aussi entraîner la scarification des enveloppes (Allen *et al.*, 2007).

2.1.2.5 Traitements oxydants

On a souvent préconisé l'emploi d'eau oxygénée pour améliorer la germination, en pensant qu'elle fournit de l'oxygène à l'embryon. En fait, l'eau oxygénée agit surtout en oxydant brutalement les composés phénoliques qui ne peuvent donc plus fixer l'oxygène après le traitement. Des résultats similaires ont été obtenus avec d'autres oxydants comme l'hypochlorite de sodium (Mazliak, 1982).

2.1.2.6 Chocs thermiques

Un séjour de courte durée (quelques heures) des semences imbibées à une température assez élevée, de l'ordre de 30 à 50 °C, permet parfois une meilleure germination quand les

27

semences sont ramenées à une température plus basse. Un tel traitement facilite l'oxydation d'une partie des phénols et les rend moins efficaces comme écran au passage de l'oxygène (Mazliak, 1982). Chez certains palmiers tels que *Elaeis guineensis* (Jacq.), un chauffage humide pendant 80 jours améliore considérablement le pourcentage de germination des graines (Wuidart & Corrado, 1990).

2.1.2.7 Gibbérellines

Les gibbérellines ont une action opposée à celle de l'acide abscissique. D'une façon générale, elles favorisent la germination des embryons dormants. L'acide gibbérellique peut interférer avec l'effet du froid sur la levée de dormance, mais son action dépend de sa concentration (Baskin & Baskin, 2004).

2.2 Macrobouturage

2.2.1 Eclatement des souches

L'éclatement des souches concerne les espèces végétales en touffe. Les rejets ou les rhizomes émis à la base, peuvent être séparés des touffes avec quelques racines. Ces organes, lorsqu'ils sont repiqués sur du substrat convenable, régénèrent une plante identique à la plante mère dont ils sont issus (Dransfield & Manokaran, 1993). Cette forme de multiplication constitue un appoint lorsque l'on rencontre des difficultés dans l'obtention des graines. Elle est appropriée pour les cultures à petite échelle (Yusoff & Manokaran, 1985).

Pour des besoins de sélection génétique, le bouturage peut permettre d'obtenir rapidement des individus vigoureux pourvu que les conditions d'entretien des boutures soient bonnes (Ouedraogo, 1988).

2.2.2 Marcottage

C'est une forme de multiplication par laquelle on stimule la formation de racines adventives sur une partie de tige toujours rattachée à la plante mère. La tige enracinée est coupée de la plante et peut se développer de façon isolée (Yusoff & Manokaran, 1985). Cette forme de multiplication a déjà été mentionnée par Dransfied (1988) sur plusieurs espèces de rotins dont *Calamus javensis* Becc. et *Calamus heteroideus* Bl. Cette méthode de propagation végétative est généralement couronnée de succès, parce que les besoins de sels minéraux et de stress hydrique sont réduits au maximum.

2.2.3 Greffage

Cette forme de régénération qui est une technique d'amélioration agronomique n'a pas encore été signalée chez les rotins. La greffe implique la fixation d'une pousse (greffon) ou d'un bourgeon sur un organe porte-greffe convenable (Gorenflot, 1986). Une variété de techniques a été développée pour maintenir un contact rapproché des tissus jusqu'à ce qu'ils se développent ensemble. La technique est utilisée en agriculture depuis longtemps pour propager des variétés de plantes qui ne peuvent pas être reproduites efficacement par des moyens normaux. La greffe est utilisée de manière extensive en horticulture pour les arbres fruitiers et en foresterie principalement comme technique pour faciliter l'amélioration génétique à travers la propagation clonale et pour multiplier les semences (FAO, 2008).

2.3 Culture *in vitro*

La culture *in vitro* est la culture sur milieux artificiels de cellules, de tissus ou d'organes, appelé explants, prélevés sur une plante en vue de régénérer une ou plusieurs autres plantes (George, 2007). Avant d'entreprendre la culture *in vitro* d'une plante, il est nécessaire de savoir la nature des explants qui peuvent se prêter à la micropropagation.

Les premiers travaux, à l'origine de la culture de tissus végétaux, s'appuyaient sur le principe de la totipotence d'une cellule qui stipule que toute cellule végétale est capable de régénérer un autre individu identique à celui dont elle est issue. D'où l'idée de soustraire un organe, un tissu, voire une cellule d'un organisme entier et d'étudier son fonctionnement à l'état isolé sur un milieu nutritif artificiel dans des conditions stériles avec pour objectif la régénération de l'organisme en entier (George, 1996; Abdallah, 2000). Le tissu ou l'organe soustrait et cultivé sur un milieu artificiel a absolument besoin pour sa croissance de la présence de sels minéraux et de phytohormones.

Ce chapitre passe en revue l'effet de quelques sels organiques et inorganiques les plus couramment utilisés en culture tissulaire ainsi que des phytohormones qui jouent un rôle prépondérant dans le métabolisme physiologique de la plante. Nous ferons également cas de techniques de culture tissulaire que sont l'embryogénèse somatique et l'organogénèse

2.3.1 Effet des sels inorganiques et organiques sur l'efficience de la culture *in vitro*

Les tissus et les organes végétaux se développent en plantules sur milieux artificiels enrichis en éléments minéraux nécessaires à la croissance d'une plante. Le succès de la culture tissulaire comme moyen de propagation des plantes est énormément influencé par la nature du milieu de culture utilisé (George & De Klerk, 2007). En effet, pour un plein épanouissement et une bonne croissance, la plante a besoin de puiser dans son substrat (sol ou milieu de culture) des sels minéraux indispensables à son développement (Thorpe *et al.*, 2007).

2.3.1.1 Sels inorganiques

- Macroéléments

Azote : l'azote influence le taux de croissance, la morphogenèse, la totipotence des cellules et l'embryogénèse. En milieu de culture, l'azote est apporté sous forme de nitrate, de sels d'ammonium, d'acides aminés, et de produits organiques tels que le lait de coco et la caséine hydrolysat (George & De klerk, 2007). La forme nitrate est la meilleure forme sous laquelle l'azote est absorbé par les rotins en milieu de culture (Bingshan *et al.*, 2000). Il influence considérablement le taux de prolifération des cals et des pousses chez les rotins.

Phosphore : le phosphore joue un rôle important dans le cycle métaboliquee de l'ATP et du NADPH. C'est la composante majeure de la membrane cellulaire et des acides nucléiques (George & De Klerk, 2007). Le phosphore est utilisé par les plantes sous la forme orthophosphate (H_2PO_4, HPO_4). Il a été signalé chez plusieurs espèces végétales que le nombre de pousses produit par explant est fortement corrélé à la teneur de phosphore présent dans le milieu de culture. Chez les rotins par contre les teneurs relativement élevées en phosphore inhibent la production de pousse (Bingshan *et al.*, 2000).

Potassium : c'est le cation le plus abondant dans les cellules où il joue un grand rôle dans la régulation osmotique. Dans le cytoplasme, il active la synthèse de plusieurs enzymes et protéines. Son absorption dans les plantes est stimulée par les cytokinines. Plusieurs espèces de rotins utilisent le potassium sous la forme de nitrate de potassium (Bingshan *et al.*, 2000 ; George & De Klerk, 2007).

Calcium : le calcium est un élément constitutif des parois et des membranes cellulaires. Il intervient dans la protection de la membrane, dans la croissance et l'élongation cellulaire. Le calcium est apporté à la plante sous la forme de chlorure de calcium. Plusieurs enzymes de plantes sont calcium-dépendant car cofacteur des enzymes impliquées dans l'hydrolyse de l'ATP (George & De Klerk, 2007). Son déficit entraîne la nécrose de l'extrémité des pousses. L'action du calcium sur la production de pousse dépend de l'espèce et de sa teneur (Bingshan *et al.*, 2000).

Magnésium : le magnésium est un élément essentiel de la chlorophylle. Il intervient dans le maintien de l'intégrité des ribosomes, des acides nucléiques et la stabilité de la membrane cellulaire. La synthèse de l'ATP nécessite la présence du magnésium. Il catalyse l'action de nombreuses enzymes végétales. Chez les rotins, les teneurs en magnésium doivent être élevées dans les premières subcultures et diminuées progressivement (Bingshan *et al.*, 2000). En culture tissulaire, le magnésium est utilisé très souvent sous la seule forme sulfate de magnésium, $MgSO_4$ (George & De Klerk, 2007). Selon Kintzios *et al.* (2004), les teneurs élevées de magnésium favorisent l'embryogénèse somatique directe chez certaines plantes alors que les faibles teneurs induisent la callogénèse.

- Microéléments

Les microéléments sont des sels inorganiques utilisés en de très faibles quantités en culture tissulaire mais dont l'apport est indispensable au développement de la plante (Thorpe *et al.*, 2007). Plusieurs milieux de culture utilisent les microéléments issus des milieux de base de Gamborg *et al.* (1968) et de Murashige et Skoog (1962).

Manganèse : c'est l'un des microéléments les plus importants. Il est utilisé dans plusieurs cultures de plantes. Il a les propriétés chimiques similaires au magnésium et de ce fait, le remplace très souvent dans certains systèmes enzymatiques. Il est apporté à la plante sous la forme de sulfate de manganèse. Son absence dans le milieu de culture de certaines plantes réduit considérablement le nombre de pousses produites (George & De Klerk, 2007).

Zinc : il intervient dans la synthèse des enzymes impliquées dans la formation de certaines auxines telles que l'Acide Indole Acétique (Skoog, 1944). En milieu de culture, le zinc est apporté à la plante sous la forme de sulfate de zinc. Le déficit en zinc dans la culture tissulaire entraîne une réduction des activités des enzymes et par conséquent, une diminution de la synthèse protéique et chlorophyllienne.

Bore : le bore assure l'intégrité et le fonctionnement de la membrane plasmique. Il est requis pour le métabolisme des acides phénoliques et dans la biosynthèse de la lignine (Lewis, 1980; George & De Klerk, 2007). Il est absorbé par les plantes sous la forme d'acide borique. Il semble que le bore intervient dans la destruction des auxines endogènes et leur translocation. Une déficience en bore entraîne une réduction du système racinaire (Whittigton, 1959; Pollard *et al.*, 1977).

2.3.1.2 Sels organiques

La croissance et la morphogénèse en culture tissulaire peuvent être améliorées par certains composés organiques en très faible quantité. Il s'agit essentiellement de vitamines, de certains acides aminés et de certaines substances organiques (Thorpe *et al.*, 2007). Les vitamines les plus couramment utilisées sont : la thiamine (vitamine B1), l'acide nicotinique, la pyridoxine (vitamine B6) et le *myo*-inositol. Ces quatre vitamines sont les principaux sels organiques impliquées dans le milieu de base de Murashige et Skoog (1962) utilisé pour la culture tissulaire de la grande majorité des plantes. Les teneurs optimales utilisées dépendent des espèces et des génotypes. En culture tissulaire, l'action de ces vitamines est souvent conjuguée (Thorpe *et al.*, 2007). La Thiamine intervient dans la division cellulaire, stimule la formation de cals embryogènes et de racines adventives (Chee, 1995). Le *myo*-inositol est impliqué dans la formation de pousses, mais chez certaines espèces, elle peut réduire le taux de prolifération des pousses (Azano *et al.*, 1996). Elle intervient également dans la formation de cals chez certains Araceae. À côté de ces principales vitamines, il existe une autre qui est le L-acide ascorbique (vitamine C). Cette vitamine prévient les milieux de culture du brunissement.

Les acides aminés, très peu utilisés, interviennent pour palier aux éventuels déficits en sels inorganiques. À cause de leur coût élevé ils sont utilisés dans les propagations en masse. Le principal acide aminé utilisé est le polyamine l'hydrolysat de caséine (George & De Klerk, 2007).

2.3.2 Effet des phytohormones

Certaines substances chimiques synthétisées naturellement par les plantes ou produites artificiellement jouent un rôle prépondérant dans le métabolisme physiologique des plantes. Ces substances chimiques très actives à de faibles concentrations sont connues sous le nom de phytohormones ou hormones de croissance végétale (Matchakova *et al.*, 2007). Les auxines, les cytokinines et les gibbérellines sont les plus importantes phytohormones qui interfèrent dans les régulations physiologiques des plantes.

2.3.2.1 Cytokinines

Les principales fonctions des cytokinines dans la division cellulaire sont : la réduction de la dominance apicale, la stimulation de la division cellulaire et la formation de bourgeons axillaires et adventifs. Elles sont aussi utilisées pour l'induction des embryons somatiques.

Les cytokinines les plus couramment utilisées sont la Benzylaminopurine (BAP), la Kinétine, le 2-isopentenyladenine (2-iP) et la Zéatine (Matchakova *et al.*, 2007). Dans la culture tissulaire chez les rotins, les cytokinines sont utilisées pour l'induction de bourgeons et des pousses. La plus efficiente dans la micropropagation des rotins est la BAP. La formation de pousses par *Calamus simplicifolius* Wei. et *Calamus egregius* Burret est 10 fois plus élevée en présence de BAP que de kinétine. Les teneurs appropriées de BAP pour la plupart des espèces de rotins cultivées varient de 1 à 4 mg l^{-1} de solution (Bingshan *et al.*, 2000).

2.3.2.2 Auxines

Les auxines sont impliquées dans la division cellulaire, dans l'élongation et dans la synthèse des parois cellulaires. En culture tissulaire, la fonction principale des auxines est la formation de cals et de racines adventives. Utilisées en de très faibles concentrations, elles favorisent la formation de racines alors que les concentrations élevées favorisent la callogenèse (Matchakova *et al.*, 2007). En interaction avec les cytokinines, les auxines concourent à l'optimisation de la production de pousses et de l'embryogénèse somatique (Bingshan *et al.*, 2000). Les auxines les plus couramment utilisées sont l'Acide Naphtalène Acetique (ANA), l'Acide Indole Butyrique (AIB), l'Acide Indole Acétique (AIA) et le 2-4 Dichlorophénoxyacétique (2-4D). L'ajout d'auxines dans les phases initiales de culture améliore la production de pousses chez les rotins. Cependant, l'effet de ces différentes auxines sur la culture tissulaire des rotins dépend des espèces.

2.3.2.3 Gibbérellines

Les gibbérellines contrôlent l'élongation cellulaire et lèvent la dormance des embryons. Elles sont impliquées dans la floraison des plantes et favorisent la croissance des bourgeons (Moshkov *et al.*, 2007). Les gibbérellines restent sans effet ou se comportent comme des inhibiteurs dans la formation de pousses chez les plantes en général et les rotins en particulier. La culture de *Daemonorops jenkinsiana* Griff. en présence de Gibbérelline (GA$_3$) donne un très faible nombre de pousse par explant. Cependant, il favorise considérablement l'allongement des entre-nœuds (Bingshan *et al.*, 2000).

La découverte de régulateurs de croissances telles que les auxines et les cytokinines a constitué une étape importante pour le progrès des techniques de culture *in vitro* (Beauchesne, 1984).

2.3.3 Effet des sucres

Les hydrates de carbones jouent un rôle important en culture *in vitro*. Ils interviennent en tant que source d'énergie, de carbones et agent osmotique (Thorpe *et al.*, 2007). Ils interviennent également dans la régulation de l'expression des gènes chez les végétaux. La majorité des plantes cultivées *in vitro* ont toujours besoins d'une source de carbones pour leur croissance. Le saccharose, suivi du glucose ont été identifiés comme les meilleures sources de carbones pour la culture tissulaire d'un grand nombre de végétaux (Georges, 1996).

2.4 Techniques de culture *in vitro*

2.4.1 Embryogénèse somatique

Au cours de l'évolution, différentes espèces végétales ont développé des méthodes de reproduction asexuée dont l'embryogénèse somatique pour faire face aux différents facteurs environnementaux et génétiques qui constituent un frein à la reproduction sexuée (Arnold, 2007). L'embryogénèse somatique est un processus durant lequel les cellules somatiques se différencient en embryon somatique pour donner plus tard une plante entière (Goh *et al.*, 2001a). L'embryogénèse somatique artificielle consiste, à partir d'un explant mis en culture sur un milieu de base enrichi en auxine, à la formation de cals. Un ou plusieurs repiquages successifs de ces cals entrainent la formation de cals embryogènes. Ceux-ci subissent plusieurs subcultures, généralement, sur le même milieu de base dépourvue de régulateur de croissance pour leur maturité et leur germination en *vitro* plants (Daguin & Letouze, 1988; Rival *et al.*, 1998; Arnold, 2007). Chez certains végétaux, on peut obtenir directement des cals embryogènes à partir de l'explant mis en culture ; on parle d'embryogénèse somatique directe.

La technique de l'embryogénèse somatique a déjà été appliquée par Goh *et al.* (2001a, 2001b) sur les racines de jeunes plant de plusieurs espèces de rotin du genre *Calamus* avec succès. Cette voie, quoique longue et assez coûteuse, constitue un relais efficace à la propagation d'espèce ligneuses, difficiles à multiplier par la culture d'apex. Cependant, il faut souligner qu'elle présente des risques de variation somaclonale (Duval *et al.*, 1995; Peredo *et al.*, 2006; Thomas *et al.*, 2006). Cette technique n'est donc pas indiquée lorsque l'objectif du travail est de produire rapidement et à moindre coût des jeunes plants.

2.4.2 Organogénèse

L'organogénèse est la néoformation de bourgeons sur les tissus réactifs. Les organes utilisés concernent généralement les explants prélevés à la base des feuilles ou des gaines foliaires et sur le bourgeon terminal des plantes (Gahan & George, 2007). Cette méthode comprend quatre phases dont la première est l'initiation sur milieu de culture de base approprié des tissus organogènes ou des tissus potentiellement méristématiques. Cette phase, chez certaines plantes appartenant à la famille des palmiers, se déroule à l'obscurité afin de lutter contre le brunissement des milieux de culture causé par certaines substances chimiques présentes dans la plante (Djerbi, 1991). La multiplication des bourgeons sur milieu enrichi en cytokinine et parfois en présence d'auxine représente la deuxième phase (Matchakova *et al.*, 2007). La troisième et la quatrième phases représentent respectivement l'allongement des bourgeons et leur enracinement en présence d'une faible quantité d'auxine qui conduit à la formation de jeunes plants (Beauchesne, 1988).

L'organogénèse utilisant comme explant le collet des *vitro* plants et le méristème apical des jeunes pousses de rotins asiatiques a déjà été initiée (Patena *et al.*, 1984; Umali-Garcia, 1985; Padmanadhan & Ilangovan, 1989; Shantha & Ramanayake, 1999). Selon Umali-Garcia (1985) et Goh *et al.* (1997a), le collet des plantules prélevées en pépinière ou des *vitro* plants obtenus par la germination *in vitro* constitue une source potentielle d'explants pour l'organogénèse des rotins. Patena *et al.* (1984) ont obtenu plus de 2300 pousses en 13 mois de culture à partir de *vitro* plants issus de 480 graines. En effet, la base du collet représentée par la zone d'insertion des gaines foliaires est pourvue de méristèmes axillaires qui sous l'effet des régulateurs de croissance endogènes ou présents dans le milieu de culture se développent en pousses. D'où la nécessité de tester la culture tissulaire de ces organes sur les espèces africaines qui présentent un intérêt socio-économique.

Ces travaux ont mis en évidence le problème aigu posé par les infections des milieux de culture par les explants et la présence des composés phénoliques sur les dits milieux qui entraînent le brunissement et la mort des tissus cultivés *in vitro* (Paranjothy, 1993). Cette méthode, moins longue que l'embryogénèse somatique, est simple et moins onéreuse. Elle présente en outre l'avantage de produire des clones sans risque de variation somaclonale.

Le progrès des recherches concernant l'embryogénèse somatique ou l'organogénèse des palmiers est plus lent à cause de la complexité de ces espèces et du manque de connaissances fondamentales en physiologie et en biochimie du développement de ces plantes (Tisserat, 1982).

Malgré son importance socioculturelle et économique, la valorisation des ressources du rotin reste encore mitigée. Les aires de répartition caractérisent des écosystèmes difficilement exploitables ou des écosystèmes déjà anthropisés. La mise en valeur de ces écosystèmes par la sylviculture du rotin peut contribuer à diminuer les pressions exercées par l'exploitation clandestine et abusive des rotins des aires protégées. La multiplication naturelle qui devait assurer la pérennité des rotins est confrontée aux véritables problèmes du faible pouvoir germinatif et à l'insuffisance des graines dues à la surexploitation des pieds matures et la déforestation. L'utilisation de la technique de micro propagation des rotins asiatiques, depuis les années quatre vingt, comme une stratégie alternative à la gestion durable de cette ressource a très peu avancé.

Deuxième partie :

Expérimentation

3

Multiplication végétative de *Laccosperma secundiflorum* et *Eremospatha macrocarpa*

Objectifs

En Asie, où la culture du rotin est pratiquée depuis très longtemps, certains taxons sont reproduits par la plantation des rejets. Par ce procédé, ont été propagées au cours des décennies et même des siècles, les espèces les plus utilisées dont *Calamus manan* (Yusoff & Manokaran, 1985). Cette technique constitue jusqu'à présent la méthode de propagation la plus efficace pour assurer la conservation des qualités technologiques des espèces utilisées.

Ce chapitre présente les résultats de la technique de multiplication végétative à partir de rejets et de rhizomes de différents diamètres des espèces *Laccosperma secundiflorum* et *Eremospatha macrocarpa* cultivées dans différentes conditions de pépinière. Deux objectifs ont motivé la conduite de cette expérimentation :

- identifier le type et la taille de l'organe répondant favorablement à la multiplication végétative ;

- identifier, selon l'espèce, le dispositif (type de pépinière), optimisant la multiplication végétative des rejets et des rhizomes.

3.1 Sites d'étude

3.1.1 Site de prélèvement des organes

Le prélèvement des organes a été effectué pendant le mois d'Août, de l'année 2004, dans la forêt classée de N'zodji, située à 100 Km d'Abidjan. Cette forêt a une superficie de 1086 hectares. Elle est localisée dans le département d'Alépé et est située entre 5°33' et 5°43' de latitude Nord et entre 3°49' et 3°56' de longitude Ouest (SODEFOR, 1998). La forêt classée de N'zodji est dans une zone de forêt dense sempervirente avec un climat de type subéquatorial humide. Le sol est de type ferralitique, moyennement lessivé ou drainé sur les roches schisteuses, favorable à la croissance et au développement des palmiers lianes. Ce site est couvert par une forêt à feuillage persistant, dominée par *Musanga cercropioïdes* R. Br. (Cecropiaceae) représentant plus de 50% des arbres autres que le bois d'œuvre (Guillaumet & Adjanohoun, 1971). Les données climatiques enregistrées par la SODEXAM d'Abidjan en

2004 indiquent une température moyenne annuelle de 27,1 °C avec une amplitude thermique moyenne de 4,2 °C. Cette région est caractérisée par deux saisons pluvieuses et deux saisons sèches. La grande saison pluvieuse d'Avril à Juillet, la petite saison sèche d'Août à Septembre, la petite saison pluvieuse d'Octobre à Novembre et la grande saison sèche de Décembre à Mars. La pluviosité annuelle varie de 1145 à 2077 mm. La précipitation moyenne annuelle est de 1631 mm. L'humidité relative est de 84% (SODEXAM).

3.1.2 Site d'expérimentation

Les organes collectés ont été transportés à la station expérimentale de l'Université d'Abobo-Adjamé pour les essais de multiplication. Ce site est localisé dans le Sud de la Côte d'Ivoire entre le 5°22' de latitude Nord et le 4°40' de longitude Ouest. Pendant la période d'expérimentation, les pluies étaient abondantes d'Août à Octobre puis rares à partir de Novembre. Les températures et les précipitations moyennes basées sur les données enregistrées durant la période de 2004 sont de 26 °C et 1727 mm de pluie respectivement (SODEXAM).

3.2 Matériel et méthodes

3.2.1 Matériel végétal

Deux espèces de rotin, *Laccosperma secundiflorum* et *Eremospatha macrocarpa*, ont fait l'objet de cette étude. Chez *L. secundiflorum*, deux types d'organes ont été sélectionnés. Il s'agit du rhizome (**Figure 8**) et du rejet (**Figure 9A**). Chez *E. macrocarpa*, seul le rejet (**Figure 9B**) a été utilisé car elle est dépourvue de rhizome. Les organes, une fois prélevés, ont été stockés dans des sacs en plastique et gardés au bord d'une rivière (afin d'éviter leur desséchement) avant d'être transportés sur le site d'étude. Le temps qui sépare le jour de prélèvement à l'expérimentation est de 72 heures. Afin de tester l'effet du diamètre des organes sur la régénération, les rejets et les rhizomes ont été subdivisés en trois classes : organes dont les diamètres sont inférieurs à 2,5 cm (petit); organes dont les diamètres sont compris entre 2,5 et 4,0 cm (moyen); organes dont les diamètres sont supérieurs à 4,0 cm (gros). Les organes de la classe (petit) et (moyen) ont une apparence plus jeune que ceux de la classe (gros).

39

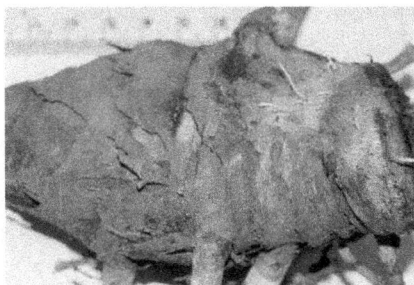

Figure 8. Rhizome de *Laccosperma secundiflorum* (P. Beauv.) Küntze

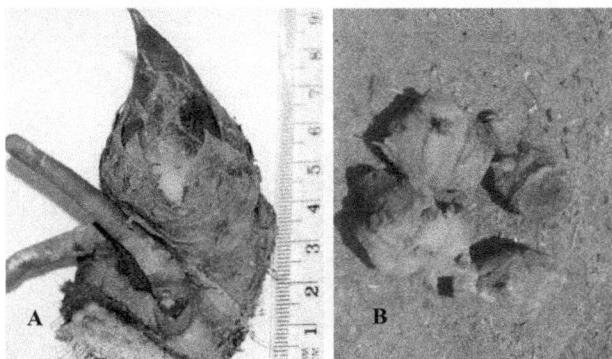

Figure 9. Rejets : **A-** *Laccosperma secundiflorum* (P. Beauv.) Küntze, **B-** *Eremospatha macrocarpa* (G. Mann & H. Wendl.) H. Wendl

3.2.2 Méthodes

Dans le but de déterminer le type de pépinière, la nature et le type d'organe appropriés pour une meilleure production de jeunes plants de rotin, des essais de multiplication végétative ont été effectués dans trois types de pépinières (**Figure 10**). La première pépinière a été installée sous une ombrière construite à l'aide de cannes de bambou ; l'ombrage étant assuré par les palmes placées à deux mètres au dessus des sachets (**Figure 10A**). Ce premier dispositif est caractérisé par une température moyenne de 30 °C et une humidité relative moyenne de 66%. Le second dispositif est une pépinière installée à l'air libre où prévalent une température moyenne de 33 °C et une humidité relative moyenne de 62% (**Figure 10B**).

Enfin, la troisième pépinière a été installée sous une serre d'un mètre de hauteur. Elle a été construite à l'aide de barres de fer et de plastique en polyéthylène (**Figure 10C**). La température et l'humidité relative moyennes enregistrées sous ce dispositif sont de 38 °C et de 85% respectivement. La température et l'humidité relative ont été relevées chaque deux jours, durant l'essai, à l'aide d'une mini station météo électronique à émetteur portable (Médion).

Figure 10. Différentes conditions de multiplication végétative : **A**-Dispositif sous ombrière, **B**-Dispositif à ciel ouvert, **C**-Dispositif sous serre

Les rejets et les rhizomes de chaque classe de diamètre ont été ensemencés dans des sachets de dimension 25 x 30 cm. Ces sachets ont été préalablement remplis d'un substrat constitué de la couche arable d'un sol de jachère recouvert par une végétation composée de *Pueraria phaseolides* (Rosb.) et de *Panicum maximum* (Jacq.). Ce substrat de pH 5,3 a été soigneusement mélangé et traité avec un fongicide (Maneb 80%). Les organes ont été enfouis à environ cinq centimètres de profondeur. Les sachets disposés sous ombrière et à l'air libre ont été arrosés de façon quotidienne. Sous la serre, l'humidité relative était assez élevée grâce à la faible évaporation d'eau du substrat favorisée par le papier plastique. De ce fait, les sachets disposés sous la serre ont été arrosés deux fois par semaine pendant toute la durée de l'expérience.

Afin de déterminer les conditions optimales de culture, le type et la taille des organes qui se prêtent le mieux à la multiplication végétative, trois paramètres ont été analysés :

- le pourcentage de viabilité qui correspond au nombre de rejets ou de rhizomes viables rapporté au nombre total de rejets ou de rhizomes mis en culture ;

- la durée moyenne d'émission de pousse qui correspond au temps d'émergence à la surface du substrat de la première gaine foliaire sous une forme de feuille non encore déployée ;

- et la durée moyenne d'émission de la première feuille qui représente le temps que met une gaine foliaire pour déployer la première feuille.

Un organe est considéré comme viable lorsqu'il présente des tissus non nécrosés et garde le même aspect qu'au moment de sa mise en culture. Il a été estimé à 24 et 117 jours après leur mise en culture (JAC). Ces durées correspondent aux temps à partir desquels la première pousse et la première feuille, respectivement, ont été observées dans la pépinière installée sous ombrière et dont les conditions de culture (température et humidité relative moyenne) sont assez proches de celles du milieu naturel.

Le dispositif expérimental utilisé est un split-plot avec deux facteurs : la nature des pépinières et le diamètre des organes. Dans les pépinières sous ombrière et air libre, trois répétitions de 30 sachets chacune ($n = 90$) ont été installées. Les dimensions de la serre étant plus réduites que les autres pépinières, la taille des échantillons pour chaque traitement est réduite de moitié ($n = 45$).

3.2.3 Analyses statistiques

Les tests statistiques utilisés sont l'analyse de la variance et le test t de Student. L'ANOVA I a été utilisée pour la comparaison d'une part, des moyennes de l'influence des pépinières sur la viabilité des organes et d'autre part, des moyennes de l'influence du diamètre sur la viabilité des organes. L'ANOVA II a été utilisée pour la comparaison de l'effet de l'interaction du type de pépinière et du diamètre sur la viabilité, l'émission de pousse et de première feuille. Lorsqu'une différence significative est notée entre les facteurs pour un paramètre donné, nous procédons à des comparaisons multiples en effectuant le test de la plus petite différence significative (*ppds*) par la comparaison des moyennes des moindres carrés deux à deux (Dagnélie, 1998). La signification du test est déterminée en comparant la probabilité (*P*) associée à la statistique du test à la valeur théorique $\alpha = 0,05$. Ainsi, lorsque $P \geq 0,05$ on déduit qu'il n'y a pas de différence entre les moyennes. Par contre lorsque $P < 0,05$

il existe une différence significative. Le test *t* de Student a été utilisé dans les cas de comparaison de l'influence de deux pépinières sur la durée d'émission de pousse et de première feuille. Les analyses statistiques ont été réalisées à l'aide du logiciel Minitab® pour Windows, version 15 (Minitab, 2000).

3.3 Résultats

3.3.1 *Laccosperma secundiflorum*

3.3.1.1 Influence du type de pépinière

- Viabilité des organes

Le type de pépinière influence très significativement la viabilité des organes (**Tableau 2**). Les pépinières sous ombrière et sous serre maintiennent une viabilité élevée des rejets à plus de 85% à 24 JAC. Quant aux rhizomes, seule la pépinière sous serre maintient 85% de leur viabilité pour cette même durée d'expérimentation (24 JAC). La viabilité testée à 117 JAC montre que la serre maintient en vie plus de 71% des rejets alors qu'au niveau des rhizomes, plus de 55% de viabilité est assurée par les pépinières sous ombrière et sous la serre. Durant ces deux périodes, les pourcentages de viabilité relevés dans la pépinière ciel ouvert sont les plus faibles contrairement à ceux relevés dans les autres dispositifs. Ce dispositif ne permet donc pas de maintenir la survie des organes.

Tableau 2. Influence du dispositif sur la viabilité du rejet et du rhizome de *Laccosperma secundiflorum*

Type de pépinière*	Pourcentages de viabilité des organes			
	Viabilité (%) 24 JAC		Viabilité (%) 117 JAC	
	Rejet	Rhizome	Rejet	Rhizome
Sous ombrière	85,00±12,70[a]	72,89±18,26[a]	62,77±8,59[a]	56,22±10,07[a]
Sous serre	88,89±12,63[a]	85,00±5,81[a]	71,67±13,44[a]	55,00±12,36[a]
Ciel ouvert	57,67±4,87[b]	48,67±4,90[b]	46,00±4,89[b]	19,44±11,30[b]
F	46,68	26,10	18,60	10,63
P	< 0,001	< 0,001	< 0,001	< 0,001

*Les moyennes suivies d'une même lettre dans une colonne ne sont pas significativement différentes à $P = 0,05$.

JAC = jour après la mise en culture

- Emission des pousses

La jeune pousse émise est constituée, à la base, par une gaine foliaire et, à l'extrémité, par la feuille non déployée qui se présente sous la forme d'une pointe (**Figure 11**).

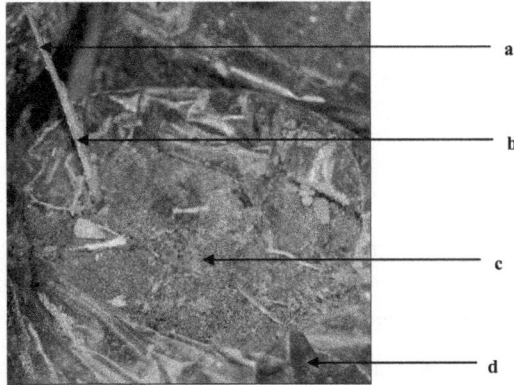

Figure 11. Jeune pousse émise par un rejet de *Laccosperma secundiflorum* (P. Beauv.) Küntze : **a**-jeune feuille non déployée ; **b**-gaine foliaire ; **c**-substrat ; **d**-sachet

Aucun rejet n'a pu émettre de pousse sous la serre. On n'observe également pas de pousse émise par les rhizomes dans les trois types de pépinières (**Tableau 3**). Les dispositifs sous ombrière et ciel ouvert qui favorisent l'émission de pousses des rejets, n'affectent pas significativement le temps d'émission de pousses ($t = 1,45$; $P = 0,14$).

Tableau 3. Influence du type de pépinière sur la durée d'émission de pousse par les rejets et les rhizomes de *Laccosperma secundiflorum*

Type de pépinière*	Durée d'émission de pousses (JAC)	
	Rejets	Rhizomes
Sous ombrière	42,31±17,46	NE
Sous serre	NE	NE
Ciel ouvert	47,79±18,82	NE
t	1,45	NE
P	0,14	NE

*Les deux moyennes dans la colonne des rejets ne sont pas significativement différentes à $P = 0,05$.

JAC : jour après la mise en culture ; NE : non émis

- Emission de feuilles

Les pépinières sous ombrière et à ciel ouvert n'influencent pas significativement le temps d'émission de la première feuille ($t = 0,01$; $P = 0,97$). Les premières feuilles sont donc statistiquement émises au même moment sous ces deux pépinières. Cependant, la durée moyenne de déploiement de la première feuille par un rejet est de $42,31 \pm 17,46$ JAC et de $47,79 \pm 18,82$ JAC, respectivement dans les dispositifs sous ombrière et ciel ouvert.

3.3.1.2 Influence du diamètre de l'organe

- Viabilité

La viabilité des rejets et des rhizomes n'est pas significativement influencée par leur diamètre quelle que soit la période considérée. Les pourcentages de viabilité moyens obtenus à 24 et 117 JAC sont présentés dans le **tableau 4**.

Tableau 4. Influence du diamètre des rejets et des rhizomes de *Laccosperma secundiflorum* sur leur viabilité

Diamètre des organes*	Pourcentages de viabilité des organes			
	Viabilité (%) 24 JAC		Viabilité (%) 117 JAC	
	Rejet	Rhizome	Rejet	Rhizome
Gros	68,89±13,90	62,67±17,71	54,78±12,40	37,00±19,84
Moyen	76,67±15,58	66,44±16,58	61,11±12,49	41,78±20,52
Petit	86,00±19,87	77,44±20,98	64,56±17,20	51,89±20,47
F	2,39	1,55	1,10	1,26
P	0,11	0,23	0,35	0,30

*Les moyennes d'une même colonne ne sont pas significativement différentes à $P = 0,05$.
JAC : jours après la mise en culture

- Emission des pousses

Le diamètre des rejets influence significativement la durée d'émission de pousses ($F = 3,76$; $P = 0,003$). Les durées moyennes d'émission de pousse des rejets de petit et moyen diamètres sont respectivement $41,40 \pm 16,39$ et $42,70 \pm 14,04$ JAC contre $54,14 \pm 23,93$ JAC pour les rejets de gros diamètre. Contrairement aux rejets de petit et moyen diamètres, les gros diamètres mettent plus de temps à émettre des pousses.

- Emission de feuilles

Le diamètre des rejets de *Laccosperma secundiflorum* n'influence pas significativement la durée d'émission de la première feuille ($F = 0,97$; $P = 0,38$). Le temps moyen d'émission de la première feuille est de $76,45 \pm 24,08$; $79,40 \pm 16,38$ et de $82,93 \pm 18,69$ JAC pour les rejets de moyen, petit et gros diamètres, respectivement.

3.3.1.3 Interaction type de pépinière et diamètre des organes

L'influence de l'interaction type de pépinière et diamètre des organes sur la viabilité a été testée uniquement à 117 JAC. Nous estimons qu'à cette date on pouvait évaluer l'effet maximal des différents facteurs sur la viabilité. L'interaction type de pépinière et diamètre des organes n'influence pas significativement la viabilité des rejets et des rhizomes à 117 JAC ($F = 1,93$; $P = 0,14$ et $F = 0,26$; $P = 0,89$, respectivement). Cependant, cette interaction influence significativement la durée d'émission de pousses et de feuilles (**Tableau 5**).

Tableau 5. Etude de l'interaction type de pépinière et diamètre des organes sur la durée d'émission de pousses et de feuilles chez *Laccosperma secundiflorum*

Paramètres étudiés	Interaction pépinière-diamètre*						Statistiques	
	Ciel ouvert			Sous ombrière			F	P
	Gros	Moyen	Petit	Gros	Moyen	Petit		
Durée d'émission de pousse (JAC)	53,11±23,75c	40,73±9,61ab	49,78±19,29bc	56,0±25,43c	44,07±16,51bc	35,71±11,24a	3,44	0,03
Durée d'émission de feuille (JAC)	84,17±13,99ab	77,68±23,12a	75,83±17,30a	95,7±14,15b	75,59±25,12a	76,50±17,25a	4,09	0,01

*Les moyennes suivies d'une même lettre dans les lignes ne sont pas significativement différentes à $P = 0,05$.

JAC : jour après la mise en culture

3.3.2 Eremospatha macrocarpa

3.3.2.1 Influence du type de pépinière

- Viabilité des organes

Le type de pépinière influence très significativement la viabilité des rejets. En effet, dans les pépinières sous ombrière et sous serre, plus de 82% des rejets sont maintenus viables à 24 JAC contre 31% pour la pépinière à ciel ouvert. En outre, à 117 JAC ces deux pépinières (sous ombrière et sous serre) ont maintenu plus de 54% de viabilité des rejets contre 10% pour la pépinière à ciel ouvert. Durant ces deux périodes, les pourcentages de viabilité relevés dans le dispositif ciel ouvert sont les plus faibles contrairement à ceux relevés dans les autres dispositifs (**Tableau 6**).

Tableau 6. Influence du type de pépinières sur la viabilité du rejet de *Eremospatha macrocarpa*

Type de pépinières*	Pourcentages de viabilité des rejets	
	Viabilité (%) 24 JAC	Viabilité (%) 117 JAC
Sous ombrière	$82,33\pm26,58^a$	$59,67\pm35,51^a$
Sous serre	$82,56\pm25,56^a$	$54,11\pm21,25^a$
Ciel ouvert	$31,33\pm6,56^b$	$10,67\pm6,36^b$
F	16,75	11,09
P	< 0,001	< 0,001

*Les moyennes suivies d'une même lettre dans une colonne ne sont pas significativement différentes à $P = 0,05$.

JAC : jours après la mise en culture

- Emission des pousses

Aucun rejet de *Eremospatha macrocarpa* n'a pu émettre de pousse dans la pépinière à ciel ouvert. Les dispositifs sous serre et sous ombrière, bien que favorisant l'émission de pousses, n'influencent pas significativement leur temps d'émission ($t = 1,44$; $P = 0,15$). La **figure 12** montre une pousse émise par un rejet de *E. macrocarpa* dans la pépinière sous ombrière.

Figure 12. Jeune pousse émise par un rejet de *Eremospatha macrocarpa* (G. Mann & H. Wendl.) H. Wendl planté sous ombrière : **a**-jeune feuille non déployée ; **b**-gaine foliaire ; **c**-substrat ; **d**-sachet

- Emission de feuilles

Les pépinières sous ombrière et sous serre n'ont pas d'incidence significative sur la durée d'émission de feuille ($t = 0,22$; $P = 0,82$). Le temps moyen d'émission de la première feuille sous ombrière est de $60,23 \pm 17,51$ JAC et de $61,33 \pm 27,11$ JAC sous serre.

3.3.2.2 Influence du diamètre de l'organe

- Viabilité des organes

L'étude de l'influence du diamètre des rejets sur leur viabilité, à 24 et à 117 JAC, montre que la taille de ces organes influence significativement leur viabilité (**Tableau 7**). Les rejets de petit et moyen diamètres favorisent la survie des organes. En effet, les pourcentages de viabilité enregistrés sur ces deux types d'organes sont supérieurs à 76% à 24 JAC. A 117 JAC, les rejets de petit diamètre présentent un pourcentage de viabilité supérieur à 61% contre 44% pour les rejets de moyen diamètre. Les plus faibles pourcentages de viabilité ont été enregistrés chez les rejets de gros diamètre.

Tableau 7. Influence du diamètre des rejets de *Eremospatha macrocarpa* sur la viabilité

Diamètre des rejets*	Pourcentages de viabilité des rejets	
	Viabilité (%) 24 JAC	Viabilité (%) 117 JAC
Gros	$41,33\pm13,99^{b}$	$18,67\pm12,23^{b}$
Moyen	$76,56\pm33,50^{a}$	$44,11\pm27,20^{ab}$
Petit	$78,33\pm32,64^{a}$	$61,67\pm37,83^{a}$
F	4,93	5,44
P	0,02	0,01

*Les moyennes suivies d'une même lettre dans une colonne ne sont pas significativement différentes à $P = 0,05$.

JAC : jours après la mise en culture

- Emission des pousses

Le diamètre des rejets influence très significativement le temps d'émission des pousses ($F = 12,12$; $P < 0,001$). La durée moyenne d'émission de pousses des rejets de petit, moyen et gros diamètres sont respectivement, $42,31 \pm 18,94$; $56,56 \pm 19,91$ et $80,50 \pm 23,65$ JAC. Le temps d'émission de pousse augmente avec le diamètre des rejets. Nous remarquons encore une fois que les rejets de gros diamètre émettent tardivement des pousses.

- Emission de feuilles

La durée d'émission de la première feuille augmente significativement avec le diamètre des rejets chez *Eremospatha macrocarpa* ($F = 17,29$; $P < 0,001$). Les durées moyennes d'émission de la première feuille des rejets de petit, moyen et gros diamètres sont respectivement, $50,12 \pm 17,13$; $68,81 \pm 21,25$ et $93,50 \pm 26,46$ JAC.

3.3.2.3 Interaction type de pépinière et diamètre des rejets

L'interaction, type de pépinière et diamètre des rejets, influence très significativement la viabilité des organes et le temps d'émission de leur première feuille ($F = 16,22$; $P < 0,001$; $F = 20,73$; $P < 0,001$, respectivement). Cependant, cette interaction n'a pas d'effet significatif sur la durée d'émission de pousse ($F = 0,32$; $P = 0,57$). Aucun rejet de *Eremospatha macrocarpa* de gros diamètre n'a pu émettre de pousse, et par conséquent, pas de feuille sous ombrière (**Tableau 8**).

Tableau 8. Etude de l'interaction type de pépinière et diamètre des organes sur la viabilité et la durée d'émission de feuilles chez *Eremospatha macrocarpa*

Paramètres étudiés	Interaction pépinière-diamètre*									Statistiques	
	Ciel ouvert			Sous serre			Sous ombrière			F	P
	Gros	Moyen	Petit	Gros	Moyen	Petit	Gros	Moyen	Petit		
Viabilité (%) 117 (JAC)	7,00±5,00c	10,00±6,24c	15,00±7,00c	30,00±12,76c	62,33±13,79b	70,00±10,00b	19,00±3,60c	60,00±10,44b	100,00a	16,22	0,000
Emission de feuille (JAC)	NE	NE	NE	NE	79,85±21,44c	43,24±12,35a	NE	60,22±17,11b	60,24±18,45b	20,73	0,000

*Les moyennes suivies d'une même lettre dans les lignes ne sont pas significativement différentes à *P* = 0,05.

JAC : jour après la mise en culture ; NE : non émis

3.4 Discussions

3.4.1 Influence du type de pépinière

3.4.1.1 Viabilité des organes des deux espèces

Le type de pépinière a influencé très significativement la viabilité des rejets quelle que soit l'espèce. En effet, dans les pépinières sous ombrière et sous serre, le pourcentage de viabilité des rejets de *Eremospatha macrocarpa* varie de 82 à 54% contre 31 à 10% pour le dispositif ciel ouvert. Au niveau de *Laccosperma secundiflorum*, ce pourcentage varie de 89 à 55% pour les dispositifs sous ombrière et sous serre contre 57 à 19% pour le dispositif installé à ciel ouvert. En effet, la pépinière ciel ouvert est caractérisée par une température relativement élevée (33 °C) et une faible humidité relative (62%) qui est inférieure à la moyenne (84%) enregistrée sur le site de prélèvement. Ainsi, l'association de ces deux facteurs aurait entraîné la déshydratation et la nécrose des tissus des organes enfouis sous ce dispositif. Par contre, les pourcentages de viabilité élevés des rejets et des rhizomes sous la serre et sous l'ombrière sont dus au fait que ces deux pépinières se caractérisent par des conditions d'humidité et de température qui sont relativement proches de celles du milieu naturel.

3.4.1.2 Emission de pousses et de feuilles

Malgré le pourcentage de viabilité élevé enregistré sous la serre, aucun organe de *L. secundiflorum* n'a pu y émettre de pousse. En effet, *L. secundiflorum* se développe sous la canopée des arbres ou sur les sols hydromorphes où la température moyenne est d'environ 27 °C (Sunderland, 2001b, 2005). La température sous la serre (38 °C) étant largement supérieure à la moyenne enregistrée dans le site de prélèvement (milieu naturel) serait en partie responsable de l'absence d'émission de pousse. Ce manque d'émission de pousse peut également se justifier par le rythme d'arrosage. En effet, la fréquence de deux arrosages par semaine serait insuffisante pour le maintien en vie et le déploiement de pousse par les rejets de *L. secundiflorum* cultivés sous la serre. L'absence générale d'émission de pousse par les rhizomes s'expliquerait par le fait que ces tiges souterraines sont constituées d'un méristème apical et de bourgeons axillaires. Ces bourgeons axillaires développent rarement des pousses dans le milieu naturel. Ces bourgeons seraient dormants ou constitués de cellules méristématiques dégénérées (Gracie *et al.*, 2000). Le succès de la multiplication végétative des rhizomes de *Calamus caesius* réalisée par Yusoff et Manokaran (1985) était dû au fait que les rhizomes utilisés pour cette espèce portaient chacun au moins une jeune pousse déjà émise. Ce qui est totalement différent dans notre cas. En ce qui concerne *E. macrocarpa*, le très faible taux de viabilité enregistré avec les rejets de *E. macrocarpa* dans la pépinière à ciel ouvert serait la cause de l'absence d'émission de pousse. En effet, selon Dransfield (1996) et Sunderland (2001a), *E. macrocarpa* se développe de préférence dans les trouées ou aux abords des pistes. Ces sites sont caractérisés par une humidité relative importante et, une alternance entre la lumière et l'ombrage durant la journée. Une exposition continue à la lumière sous une faible humidité relative (cas du dispositif à ciel ouvert) réduirait la viabilité de ces organes ; d'où une inhibition dans la formation de pousses.

3.4.2 Influence du diamètre et interaction type de pépinière-diamètre des organes

3.4.2.1 Emission de pousse et de feuille

Contrairement aux rejets de petit et moyen diamètres, quelle que soit l'espèce, les gros diamètres mettent plus de temps à émettre des pousses. Cette lenteur dans l'émission des pousses pourrait s'expliquer par le fait que les organes de gros diamètre paraissent plus âgés. En effet, les difficultés rencontrées lors du prélèvement des organes de gros diamètre pourraient résulter du degré de lignification très avancé de leur tissu. De plus, le brunissement rapide des tissus de ces organes, juste après le découpage, contrairement aux petits diamètres, confirme bien la différence d'âge entre ces deux types de diamètre. Les tissus méristématiques portés par ces organes vieillissants auraient des difficultés à se diviser ou à se multiplier pour engendrer des pousses (Fletcher, 2002). Contrairement aux organes âgés, les organes plus jeunes, source de nombreuses cellules méritématiques seraient le siège d'un métabolisme cellulaire accéléré (Mazliak, 1982; Dewitte & Murray, 2003). Cette forte activité métabolique serait responsable de la rapidité d'émission de pousses et par conséquent le déploiement de la première feuille chez les rejets de petit diamètre. Quant au paramètre émission de feuilles, l'influence non significative du diamètre sur le temps d'émission de feuille montre qu'une fois les pousses émises, le déploiement de la première feuille se fait indépendamment de la taille du rejet quelle que soit l'espèce.

En ce qui concerne l'interaction type de pépinière et le diamètre des organes de *Laccosperma secundiflorum*, nous avons déjà montré aux chapitres 3.3.1.1 et 3.3.1.2 qu'il n'y avait pas d'influence de la pépinière et du diamètre des rejets sur le temps d'émission de la première feuille. L'effet significatif de l'interaction suggérerait donc la présence d'une action conjuguée entre le type de pépinière et le diamètre sur ces deux paramètres étudiés. Cette action conjuguée favorise le temps d'émission de pousse et de première feuille des rejets de petit diamètre contrairement au gros. Les meilleures durées d'émission de pousses et de feuilles obtenues avec les rejets de petit diamètre permettent de suggérer que ces organes plantés sous ombrière conviennent plus à la multiplication végétative de *L. secundiflorum*.

Au niveau de *Eremospatha macrocarpa*, l'absence d'effet de l'interaction entre les pépinières et les diamètres des rejets sur l'émission de pousse signifierait que pour un diamètre donné, le rejet a la même réaction à l'émission de pousse quelle que soit la pépinière d'expérimentation. La forte influence de l'interaction type de pépinière et diamètre des rejets, sur leur viabilité et leur durée d'émission de feuille pourrait s'expliquer par le fait que ces deux paramètres dépendent du milieu de culture. En effet, le pourcentage de viabilité le plus élevé entre les trois diamètres cultivés dans le dispositif à ciel ouvert est de 15% pour les petits diamètres. Ce pourcentage est de 70% et 100% pour les rejets de petit diamètre cultivés dans les dispositifs sous serre et sous ombrière, respectivement. En tenant compte des meilleures valeurs du pourcentage de viabilité et la durée d'émission de feuille, les rejets de petit diamètre plantés sous ombrière seraient indiqués pour une bonne multiplication végétative de *Eremospatha macrocarpa*. L'émission de la première feuille par les rejets de petit diamètre s'est faite à 43,24 JAC sous la serre contre 59,24 JAC sous ombrière. Pour réduire le temps de déploiement de la première feuille, une fois que les rejets de petit diamètre émettent des pousses sous ombrière, ils pourraient être transférés sous la serre. En effet, sous ombrière, ces rejets mettent 16 jours de plus que sous la serre pour le déploiement de la première feuille.

L'ensemble des résultats permettent de noter que la pépinière ciel ouvert affecte négativement la viabilité des organes. Le pourcentage de viabilité est encore plus bas pour les organes de gros diamètre. Cependant, l'association de rejet de petit diamètre-pépinière sous ombrière se présente comme le meilleur choix pour une optimisation de la multiplication végétative en pépinière de *Laccosperma secundiflorum* et *Eremospatha macrocarpa*.

4

Amélioration de la capacité de germination des graines

Objectifs

Le pouvoir germinatif d'une graine est l'aptitude qu'a cette graine de germer lorsqu'elle est placée dans des conditions favorables de germination (Robert, 1973). Environ un quart des plantes à fleurs dont de nombreuses espèces d'arbres des forêts tropicales humides possèdent des graines récalcitrantes (Ellis *et al.*, 1990). La perte de la viabilité de ce type de graines étant corrélée à la diminution de la teneur en eau, aucun programme de conservation à long terme de ces graines ne peut être envisagé. Les graines de rotin qui font partie de cette catégorie ont en plus un très faible pouvoir germinatif (Mori & Rahman, 1980). Dans ce chapitre, nous recherchons les stratégies d'optimisation de la capacité de germination des graines de *Laccosperma secundiflorum* et de *Eremospatha macrocarpa*.

La méthodologie utilisée a consisté, d'une part, à appliquer différents traitements chimiques et/ou physiques à des graines fraîches mûres collectées en forêt, et d'autre part, à cultiver *in vitro* des embryons sur différents milieux de base. L'utilisation des embryons excisés visait à rechercher l'origine des difficultés liées à la germination qui peuvent être dues à une barrière physique, chimique ou embryonnaire.

4.1 Sites de collecte

Les fruits des deux espèces étudiées ont été récoltés dans deux différentes régions de la Côte d'Ivoire. Les fruits de *L. secundiflorum* ont été collectés dans le Parc National des Iles Ehotilé avec l'autorisation de la Direction Générale de l'Office Ivoirien des Parcs et Réserves (OIPR). Ce parc est situé sur la lagune Aby, dans le département d'Adiaké, au Sud-Est de la Côte d'Ivoire. Il est localisé entre 3°16' et 3°18' de longitude Ouest, et entre 5°9' et 5°11' de latitude Nord. Les données climatiques recueillies à la station SODEXAM d'Adiaké indiquent une précipitation moyenne annuelle de 1550,70 mm. Les valeurs moyennes mensuelles de la température relevées oscillent entre 24 et 28 °C avec une amplitude thermique de 1,12 °C. La collecte des fruits s'est effectuée sur une superficie d'environ 2 hectares de la principale île de ce Parc : Assokomonobaha. Cette île a une superficie de 327,5 hectares.

Les fruits de *Eremospatha macrocarpa* ont été collectés dans la forêt classée de la Haute Dodo, à Tabou, avec l'autorisation de la Société de Développement des Forêts (SODEFOR). Cette forêt, d'une superficie de 196,733 hectares, est localisée dans le Sud-Ouest de la Côte d'Ivoire, dans le secteur ombrophile (Guillaumet & Adjanohoun, 1971). Elle s'étend entre 4°41' et 5°26' de latitude Nord et entre 7°06' et 7°25' de longitude Ouest. Les pluviométries moyennes enregistrées varient entre 1900 et 2400 mm de pluie par an.

4.2 Essais au laboratoire

Les travaux d'amélioration du pouvoir germinatif des graines des deux espèces étudiées se sont déroulés au laboratoire de biologie et amélioration des productions végétales de l'Unité de Formation et de Recherche des Sciences de la Nature (UFR/SN) de l'Université d'Abobo-Adjamé et à la station expérimentale de la dite Université.

4.3 Matériel et méthodes

4.3.1 Matériel végétal

Le matériel végétal utilisé dans cette étude est essentiellement composé des graines issues des fruits mûrs ramassés aux pieds des touffes ou récoltés sur les infrutescences. Les fruits sont de petites baies rouges orangées à maturité. Ils sont revêtus d'écailles lisses imbriquées. Les fruits, chez *Laccosperma secundiflorum*, sont de forme ovoïde de dimensions 1,8 – 2 cm x 1,3 - 1,5 cm. Chez *E. macrocarpa*, ils sont presque cylindriques et ont des dimensions qui varient entre 2,5 – 3 x 1,5 – 2 cm de largeur (**Figure 13**).

4.3.2 Méthodes

Les fruits mûrs récoltés (**Figure 13**), une fois au laboratoire, ont été conditionnés dans des sacs en plastique pour la fermentation. Cette fermentation s'est faite à la température ambiante du laboratoire (23 - 25 °C). Au bout de quatre jours, les fruits ont été débarrassés de leur péricarpe et les graines obtenues ont été lavées abondamment à l'eau de robinet avant d'être soumises aux différents traitements.

Figure 13. Fruits mûrs de rotins : **A-** Fruits de *Laccosperma secundiflorum* (P. Beauv.) Küntze; **B-** Fruits de *Eremospatha macrocarpa* (G. Mann & H. Wendl.) H. Wendl

4.3.2.1 Germination *in vivo*

Les graines, une fois débarrassées de leur mésocarpe et lavées, ont été soumises à des traitements chimiques, thermiques, physiques ou imbibées dans de l'eau distillée (**Tableau 9**). Ces traitements ont été inspirés des résultats positifs obtenus avec les tests de germination initiés par Mori et Rahman (1980) et Bradbeer (1988) sur des espèces de rotins asiatiques du genre *Calamus* et appartenant à la même famille que *Laccosperma secundiflorum* et *Eremospatha macrocarpa*. Durant les traitements, à cause du nombre réduit des graines de *E. macrocarpa*, ces dernières n'ont pas pu être soumises au traitement avec le nitrate de potassium. Ainsi, un total de 11 traitements a donc été effectué sur les graines de *Eremospatha macrocarpa* contre 12 chez *L. secundiflorum*.

Le traitement physique a consisté à gratter entièrement, à l'aide d'un scalpel, la couche de sarcotesta (tégument externe assez coriace) située autour de l'opercule (hile). Le traitement thermique a consisté à exposer les graines trempées dans de l'eau à une température de 4 °C dans un réfrigérateur pendant 4 jours. Quant au traitement chimique, il a consisté à imbiber les graines scarifiées dans des solutions de GA_3, de KNO_3 et de H_2O_2 à différentes concentrations. Cette imbibition s'est déroulée dans des Béchers de 100 et 300 ml respectivement pour les graines de *L. secundiflorum* et de *E. macrocarpa*, pendant 2 ou 4 jours selon le traitement (**Tableau 9**). Les graines issues des traitements chimiques ainsi que celles imbibées dans de l'eau ont été conservées à 28 ± 2 °C à l'obscurité totale dans une étuve pendant la durée des traitements. A la fin des différents traitements, les graines sont rincées dans de l'eau distillée stérile avant leur ensemencement.

Tableau 9. Traitements appliqués aux graines de *Laccosperma secundiflorum* et de *Eremospatha macrocarpa* pour l'amélioration de leur pouvoir germinatif en pépinière

---

1. Contrôle (graines non traitées)
2. Non scarifiées imbibées dans de l'eau distillée pendant 4 jours
3. Non scarifiées imbibées dans de l'eau distillée pendant 8 jours
4. Scarifiées imbibées dans de l'eau distillée pendant 4 jours
5. Scarifiées imbibées dans une solution de 3.46 10^{-3} g l^{-1} GA$_3$ pendant 4 jours
6. Non scarifiées imbibées dans une solution de 3.46 10^{-3} g l^{-1} GA$_3$ pendant 4 jours
7. Scarifiées imbibées dans une solution de 3.46 10^{-4} g l^{-1} GA$_3$ pendant 4 jours
8. Non scarifiées imbibées dans une solution de 3.46 10^{-4} g l^{-1} GA$_3$ pendant 4 jours
9. Scarifiées imbibées dans une solution de 0.10 g l^{-1} KNO$_3$ pendant 4 jours
10. Non scarifiées imbibées dans une solution de 1.01 g l^{-1} KNO$_3$ pendant 4 jours
11. Non scarifiées imbibées dans une solution de 25% H$_2$O$_2$ pendant 5 min puis dans de l'eau distillée pendant 2 jours
12. Non scarifiées imbibées dans une solution de 25% H$_2$O$_2$ pendant 10 min puis dans de l'eau distillée pendant 2 jours
13. Non scarifiées placées au froid à 4°C pendant 4 jours

Quelle que soit l'espèce, chaque traitement a été répété trois fois. Chaque répétition comportait 50 graines pour *Laccosperma secundiflorum* et 25 graines pour *Eremospatha macrocarpa*. La pépinière a été construite essentiellement à l'aide de cannes de bambou de Chine et de palmes pour assurer l'ombrage. Elle comportait huit germoirs de dimension 1 m x 2 m chacun. Le lit des germoirs a été tapissé de sable de pH 5,3, d'une épaisseur de 0,1 m et préalablement traité au fongicide (Maneb 80%). Les graines ont été légèrement enfoncées à deux centimètres de profondeur pour *L. secundiflorum* et à trois centimètres pour *E. macrocarpa* dont les graines sont plus grosses et plus longues. Ensuite, ces graines ont été recouvertes du même substrat. Le semis a été fait en ligne et la distance entre deux graines consécutives sur la même ligne et entre deux lignes adjacentes était d'un centimètre pour les deux types de graines. Les températures moyennes enregistrées, chaque deux jours, sous la pépinière variaient entre 26 et 31 °C, avec une moyenne de 29 °C. Afin de maintenir une humidité relative satisfaisante dans les germoirs, ceux-ci ont été arrosés chaque deux jours. L'humidité relative moyenne enregistrée était de 80%. La graine est considérée comme germée lorsque la jeune pousse (la gaine foliaire) a émergé à 0,5 cm au dessus du substrat.

Deux paramètres de germination ont été calculés. Il s'agit du pourcentage de germination et du taux de germination.

- le pourcentage de germination (*PG*) évalué chaque 30 jours et ce, jusqu'à 270 jours après semis (JAS) pour *Eremospatha macrocarpa* et pendant 300 jours pour *Laccosperma secundiflorum*. Ce pourcentage correspond au nombre de graines germées sur le nombre total de graines semées pour le traitement ;

$$PG = \frac{Nombre \quad de \quad graines \quad germées}{Nombre \quad de \quad graines \quad semées} \times 100$$

- le taux de germination (*R*) correspond à la vitesse de germination des graines (Bewley & Black, 1994; Delanoy *et al.*, 2006). Ce taux est calculé chaque 30 jours jusqu'à la fin de l'expérimentation selon la formule suivante :

$$R = \frac{\sum n}{\sum (tn)}$$

où *t* est le temps en jour et *n* le nombre de graines total germé au temps *t*

À la fin du test de germination, les graines non germées ont été coupées en deux à l'aide d'un sécateur et classées en deux groupes selon Ellis *et al.* (1987). Il s'agit d'une part, des graines fraîches viables (d'aspect ferme); et d'autre part, des graines mortes (vides) d'aspect sombre et moisies.

4.3.2.2 Germination *in vitro*

Nous nous sommes inspirés des travaux réalisés par Padmanadhan et Ilangovan (1989), Rehman et Park (2000), Goh *et al.* (2001a) et Delanoy *et al.* (2006) pour la désinfection des graines et l'extraction de leur embryon. Une fois lavées, les graines ont été trempées dans une solution d'hypochlorite de sodium (NaOCl) à 3,6% de chlore actif. Après ajout de deux à trois gouttes de Tween 20 à cette solution, l'ensemble a été soumis à une agitation régulière. Au bout de 30 minutes, les graines ont été retirées de cette solution de désinfection puis rincées deux fois dans de l'eau distillée stérile pendant 10 minutes. Les embryons, avec une partie du tissu de l'albumen, ont été isolés des graines, à l'aide d'un sécateur et d'une pince et trempés dans la même solution de NaOCl mais cette fois-ci diluée de moitié (1,8% de chlore actif) pendant cinq minutes. Au bout de ces cinq minutes, les embryons retirés ont subi trois rinçages successifs, à intervalle de cinq minutes, dans de l'eau distillée stérile. Après rinçage, les embryons ont été placés sur différents milieux de base pour les tests de germination *in vitro* (**Tableau 10**). Le milieu de base (MS0) était constitué du milieu de Murashige et Skoog avec vitamines MS (Murashige & skoog, 1962) additionné de 30 g l^{-1} de saccharose. Le milieu B5 constitué du milieu de base de Gamborg (1968) avec vitamines B5 est additionné de 30 g l^{-1} de saccharose. Le milieu SH était constitué du milieu de Shenk et Hildebrandt (1972) avec vitamines SH et modifié de 30 g l^{-1} de saccharose. Le pH des milieux de culture était ajusté à 5,8 à l'aide de KOH ou du HCl à 0,1 N. La solidification des milieux de culture s'était faite à ébullition par addition de 2,6 g l^{-1} de gelrite. Quinze (15 ml) millilitres de milieu ont été ensuite distribués par tube à essai de dimension 2,1 x 15 cm. Les milieux ont été stérilisés à l'autoclave à 121 °C pendant 30 mn sous une pression de 1 bar.

Pour chaque espèce, quel que soit le milieu de culture utilisé, trois répétitions de 24 embryons chacune ont été constituées ; soit un total de 72 embryons. Ces embryons, après rinçage, ont été placés dans les tubes à essai contenant les 15 ml de solution de culture. Les milieux de culture contenant les embryons excisés ont été incubés dans une chambre de culture à 28 ± 2 °C à l'obscurité totale (Chuthamas *et al.*, 1989).

Un embryon est considéré comme ayant germé lorsque gonflant, il propulse l'opercule à l'extérieur et développe une radicule (Padmanadhan & Sudhersan, 1989).

Tableau 10. Milieux de culture utilisés pour les tests de germination *in vitro* de *Laccosperma secundiflorum* et *Eremospatha macrocarpa*

---

m1 : MS0

m2 : MS0 modifié de 0,5 mg l^{-1} BAP

m3 : MS0 modifié de 1 mg l^{-1} BAP

m4 : MS0 modifié de 3,46 10^{-4} g l^{-1}GA$_3$

m5 : MS0 modifié de 3,46 10^{-3} g l^{-1}GA$_3$

m6 : Milieu B5

m7 : Milieu SH

MS0 : Milieu de Murashige et Skoog additionné de 30 g l^{-1} de saccharose

B5 : Milieu de base de Gamborg

SH : Milieu de base de Shenk et Hilderbrandt

4.3.3 Analyses statistiques

Les données obtenues ont été analysées à l'aide du logiciel SAS version 6. (SAS, 1999). Le test de Kruskal-Wallis à $p < 0.05$ a été utilisé pour tester l'effet des différents traitements sur la germination des graines.

4.4 Résultats

4.4.1 *Eremospatha macrocarpa*

4.4.1.1 Germination *in vivo*

La germination commence par le gonflement de la graine qui s'imbibe d'eau. Les différents stades évolutifs d'une graine germée jusqu'au déploiement de la première feuille sont illustrés par la **figure 14**.

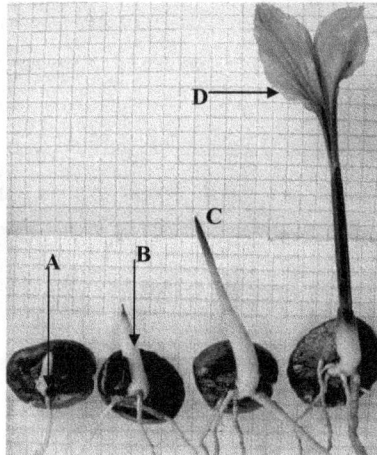

Figure 14. Différents stades de germination des graines de *Eremospatha macrocarpa* (G. Mann & H. Wendl.) H. Wendl : **A-** formation de la radicule primaire suivie de l'émission de la gaine foliaire ; **B-** stade de graine germée ; **C-** stade graine germée qui précède l'ouverture de la première feuille; **D-** plantule avec émergence de la première feuille

Après 9 mois de semis, les graines de *E. macrocarpa* traitées au GA$_3$ (traitements 5 et 7) ont atteint un pourcentage de germination de 90%. Au-delà de cette période, le taux de germination devenant de plus en plus faible, le test de germination a pris fin à 270 JAS. Les pourcentages et les taux moyens de germination de chaque traitement sont consignés dans le **tableau 11**.

Tableau 11. Effet des traitements sur le pourcentage (%) et le taux (R) de germination des graines de *Eremospatha macrocarpa* en pépinière

Traitements appliqués	E. macrocarpa	
	%	R
1. Contrôle	36	0,051
2. Non scarifiées, 4 jours H_2O	53*	0,045
3. Non scarifiées, 8 jours H_2O	58*	0,045
4. Scarifiées, 4 jours H_2O	70*	0,051
5. Scarifiées, 4 jours GA_3 (3,46 10^{-3} g l^{-1})	96*	0,030
6. Non scarifiées, 4 jours GA_3 (3,46 10^{-3} g l^{-1})	74*	0,033
7. Scarifiées, 4 days GA_3 (3,46 10^{-4} g l^{-1})	94*	0,033
8. Non scarifiées, 4 jours GA_3 (3,46 10^{-4} g l^{-1})	72*	0,033
9. Non scarifiées, H_2O_2 (5mn), 2 jours H_2O	40	0,030
10. Non scarifiées, H_2O_2 (10mn), 2 jours H_2O	40	0,039
11. Non scarifiées, au froid à 4°C H_2O, 4 jours	26	0,039

* Indique les moyennes significativement différentes du contrôle à la probabilité de 95%

La première germination dans le traitement témoin (graines non traitées) de *E. macrocarpa* a été observée 150 JAS. Plus de la moitié (54%) des graines témoins semées n'ont pas germé. L'effet des traitements 9, 10 et 11 sur la germination n'est pas significativement différent des graines non traitées. Cependant, les traitements 2 à 8 ont un effet significativement différent du traitement témoin. En effet, les graines traitées par la GA_3 présentent les pourcentages de germination les plus élevés (94 à 96%). Les premières germinations ont été observées durant les 30 premiers JAS et 50% de germination ont été atteints 110 et 180 JAS pour les traitements 5 et 7. Les taux de germination enregistrés pour tous les traitements ne sont pas significativement différents de celui enregistré chez le traitement témoin.

À la fin du test de germination, les graines non germées ont été réparties en deux catégories. Il s'agit de graines fraîches et de graines mortes. La **figure 15** illustre pour cette espèce et pour chaque traitement, la distribution des graines non germées.

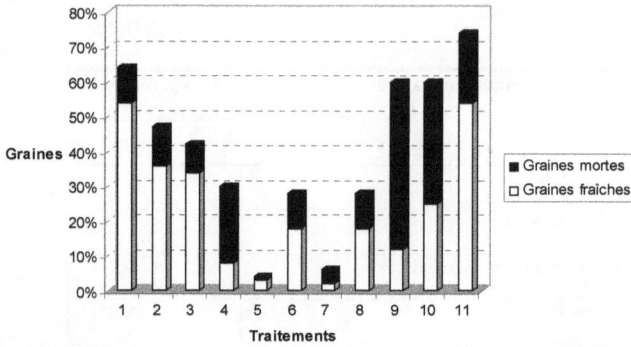

Figure 15. Etat des graines non-germées de *Eremospatha macrocarapa* (G. Mann & H. Wendl.) H. Wendl selon les traitements

Les graines scarifiées et traitées au GA_3 (traitements 5 et 7), qui ont donné les meilleurs pourcentages de germination, ont présenté les plus faibles nombres de graines dormantes à la fin du test de germination (3% de graines fraîches avec le traitement 5 et 2% avec le traitement 7).

4.4.1.2 Germination *in vitro*

Les premiers embryons germés ont été observés au sixième jour après incubation. L'embryon en germination augmente de volume, propulse l'opercule vers l'extérieur et forme plus tard la radicule. Après 26 jours d'incubation, on obtient 100% de germination sur les milieux m4 et m5 constitués de MS0 auxquels ont été ajoutés respectivement $3,46 \ 10^{-4}$ g l^{-1} et $3,46 \ 10^{-3}$ g l^{-1} de GA_3 (**Figure 16**).

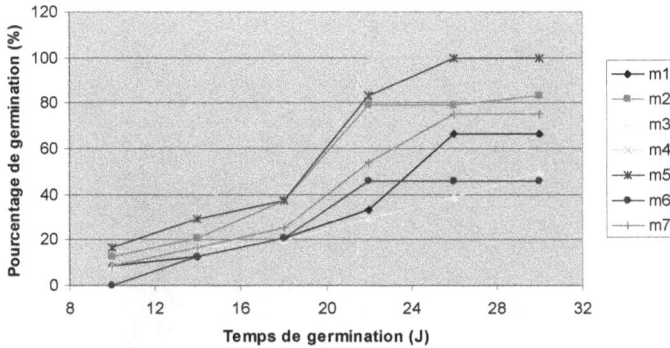

Figure 16. Courbes de germination *in vitro* des embryons de *Eremospatha macrocarpa* (G. Mann & H. Wendl.) H. Wendl cultivés sur différents milieux

Les embryons cultivés sur les milieux (m4 et m5) contenant du GA_3 se développent normalement (**Figure 17A**). Ceux cultivés sur les milieux m1 et m2, amorcent le processus de germination mais se développent difficilement en plantule (**Figure 17B**). Le processus de germination sur ces milieux est relativement plus lent que celui observé sur les milieux m4 et m5. Les plantules issues du milieu m3 sont turgescentes alors que celles provenant des milieux m6 et m7 sont caractérisées par un rabougrissement et une nécrose des tissus (**Figure 17C**).

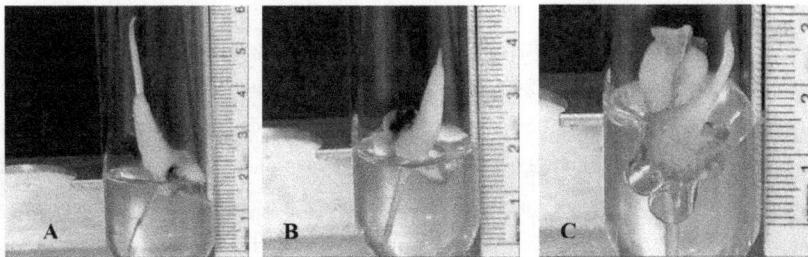

Figure 17. *Vitro* plants de *Eremospatha macrocarpa* (G. Mann & H. Wendl.) H. Wendl 30 jours après germination: **A-** plantule issue de m5 (MS0 + 3.46 10^{-3} g l^{-1} GA_3); **B-** plantule issue de m1 (MS0); **C-** plantule issue de m3 (MS0 + 1 mg l^{-1} BAP)

4.4.2 *Laccosperma secundiflorum*

4.4.2.1 Germination *in vivo*

Durant la germination, la graine s'élargie en augmentant de volume. Il apparait une protubérance au niveau du hile par où émerge la gaine foliaire (**Figure 18**).

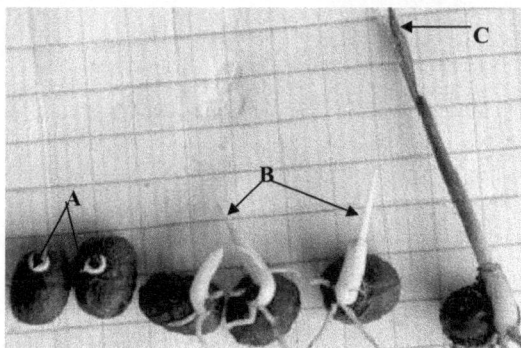

Figure 18. Différents stades de germination des graines de *Laccosperma secundiflorum* (P. Beauv.) Küntze : **A**- formation d'une protubérance au niveau du hile avec développement de la radicule primaire ; **B**- Stade de graine germée ; **C**- plantule avec émergence de la première feuille

À 270 JAS, le nombre de graines de *L. secundiflorum* germées devenant de plus en plus élevé, le test de germination s'est poursuivi jusqu'à 300 JAS. Les pourcentages et les taux moyens de germination de chaque traitement sont consignés dans le **tableau 12.**

La première germination dans le traitement témoin de l'espèce *Laccosperma secundiflorum* a été observée 240 JAS. Les effets des traitements 2, 10, 11 et 12 sur la germination ne sont pas significativement différents du traitement témoin. Les pourcentages de germination des traitements 3 à 9 sont significativement plus élevés que celui du traitement témoin. Cependant, les pourcentages de germination les plus élevés ont été observés avec le traitement 9 (79%) et les traitements 8 et 6 avec 68%. La scarification et le trempage prolongé des graines (8 jours), dans l'eau distillée, ont significativement amélioré le pourcentage de germination comparé à celui du traitement témoin.

Tableau 12. Effet de différents traitements sur le pourcentage (%) et le taux (R) de germination des graines de *Laccosperma secundiflorum* en pépinière

Traitements appliqués	*L. secundiflorum*	
	%	R
1. Contrôle	26	0,063
2. Non scarifiées, 4 jours H_2O	34	0,036
3. Non scarifiées, 8 jours H_2O	62*	0,048
4. Scarifiées, 4 jours H_2O	44*	0,060
5. Scarifiées, 4 jours GA_3 ($3.46\ 10^{-3}$ g l^{-1})	52*	0,060
6. Non scarifiées, 4 jours GA_3 ($3.46\ 10^{-3}$ g l^{-1})	68*	0,048
7. Scarifiées, 4 jours GA_3 ($3.46\ 10^{-4}$ g l^{-1})	54*	0,060
8. Non scarifiées, 4 jours KNO_3 (0.10 g l^{-1})	68*	0,051
9. Non scarifiées, 4 jours KNO_3 (1.01 g l^{-1})	79*	0,054
10. Non scarifiées, H_2O_2 (5mn), 2 jours H_2O	32	0,036
11. Non scarifiées, H_2O_2 (10mn), 2 jours H_2O	38	0,042
12. Non scarifiées, au froid à 4°C H_2O, 4 jours	18	0,066

* Indique les moyennes significativement différentes du contrôle à la probabilité de 95%

On ne note pas de différence significative entre les différents traitements pour le taux de germination. Les taux de germination des graines traitées ne sont pas significativement différents du témoin. En outre, la majeure partie des graines scarifiées non germées ne sont pas viables **(Figure 19)**. Bien que les traitements 4, 5 et 7 améliorent significativement le pourcentage de germination par rapport au témoin, ils présentent cependant un nombre élevé de graines mortes. Par contre, ce nombre est plus faible avec les graines non scarifiées que nous avons testées. Les traitements 2, 3, 10, 11, 12 et le traitement témoin présentent les plus grands nombres de graines fraîches non germées par rapport aux autres traitements.

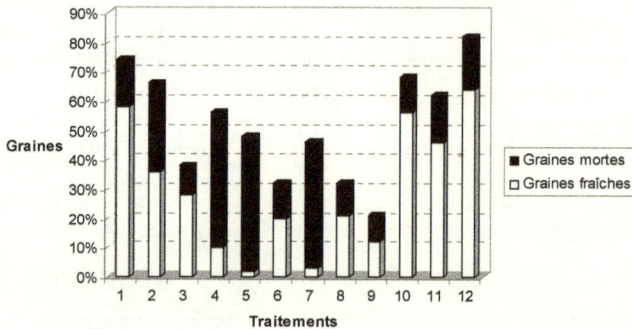

Figure 19. Etat des graines non-germées de *Laccosperma secundiflorum* (P. Beauv.) Küntze selon les traitements

4.4.2.2 Germination *in vitro*

Les premiers embryons germés ont été observés au 10ème jour après incubation. Au bout de 22 jours, les embryons des milieux m4 et m5, constitués respectivement de MS0 supplémenté de 3,46 10^{-4} g l^{-1} et 3,46 10^{-3} g l^{-1} de GA$_3$, ont présenté 100% de germination (**Figure 20**). Les embryons cultivés sur les milieux m6 et m7 se développent difficilement. En effet, la radicule de la plantule grossit et sa croissance est réduite (**Figure 21C**).

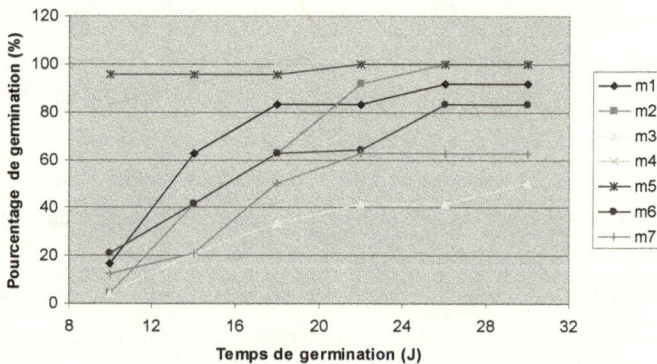

Figure 20. Courbes de germination *in vitro* des embryons de *Laccosperma secundiflorum* (P. Beauv.) Küntze cultivés sur différents milieux

Le milieu de base MS0 se distingue des milieux B5 et SH. En effet, les embryons incubés sur le milieu MS0, quelle que soit la modification apportée, présentent une bonne germination et une bonne croissance, même si celles-ci sont retardées sur les milieux sans GA_3.

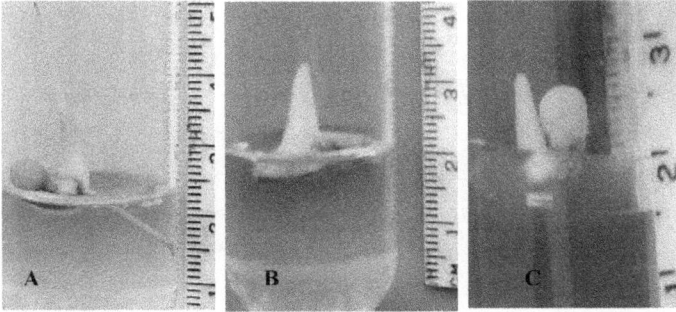

Figure 21. *Vitro* plants de *Laccosperma secundiflorum* (P. Beauv.) Küntze, 30 jours après germination : **A-**vitro plant issu de m5 (MS0 + 3.46 10^{-3} g l^{-1} GA_3); **B-** *vitro* plant issu de m1 (MS0); **C-** *vitro* plant issu de m7 (SH)

4.5 Discussions

4.5.1 Germination *in vivo*

Les premières germinations dans les traitements témoins (graines non traitées) de *Eremospatha macrocarpa* et de *Laccosperma secundiflorum* ont été observées à 150 et 240 JAS. Plus de la moitié (54%) des graines témoins semées n'ont pas germé. Ce retard dans la germination des graines et le pourcentage élevé de graines non germées traduit la présence d'une dormance. Etant donné que les graines non scarifiées ou scarifiées et imbibées dans de l'eau (traitements 2, 3 et 4) ont amélioré le pourcentage de germination, la dormance serait probablement exogène (Bewley & Black, 1994; Schmidt, 2000). En effet, la scarification aurait provoqué la dégradation partielle du tégument externe (sarcotesta) facilitant ainsi le passage de l'eau et de l'oxygène du milieu extérieur vers l'embryon pour déclencher la germination. L'eau d'imbibition aurait lessivé les inhibiteurs de germination tels que certains composés phénoliques présents dans le tégument des graines ou provoquer le reveil métabolique (Schmidt, 2000; Debeaujon *et al.*, 2007).

Par ailleurs, le fait que les pourcentages de germination les plus élevés et les germinations les plus rapides (en 30 jours) aient été observées avec les graines traitées au GA_3 et au KNO_3 suggérerait la présence d'un autre type de dormance qui serait, cette fois-ci, d'origine chimique ou endogène. Le traitement à l'acide gibbérellique aurait éliminé l'effet de certains inhibiteurs tel que l'acide abscissique. En effet, selon Mazliak (1982), le GA_3 aurait un effet opposé à l'effet de l'acide abscissique qui est un inhibiteur de la germination. Selon Bewley (1997), le GA_3 stimulerait la germination en diminuant les besoins en oxygène de l'embryon, lui permettant ainsi de germer avec très peu d'oxygène. Nos résultats sont en accord avec ceux de Mori et Rahman (1985) et Bradbeer (1988) qui ont réussi, à l'aide de la gibbérelline, à améliorer le pouvoir germinatif des graines de *Calamus manan*.

Les graines scarifiées et traitées au GA_3 (traitements 5 et 7), qui ont donné les meilleurs pourcentages de germination, ont présenté les plus faibles nombres de graines dormantes à la fin du test de germination. Ces résultats suggèrent que la scarification suivie d'une imbibition des graines dans du GA_3 améliore très significativement la capacité germinative des graines de *E. macrocarpa*.

Au niveau de *Laccosperma secundiflorum*, le nombre élevé de graines scarifiées non viables pourrait s'expliquer par l'impact de la scarification sur ces graines. En effet, *L. secundiflorum* possède de petites graines. La scarification aurait occasionné des entailles auxquelles ces graines n'ont pu résister compte tenu de la très grande sensibilité aux infections de leur région micropylaire (Bewley & Black, 1994; Schmidt, 2000).

4.5.2 Germination *in vitro*

L'accélération du processus de germination des embryons des graines des deux espèces a été constatée sur les milieux m4 et m5 contenant de la gibbérelline. La facilitation du processus de germination dans ces milieux serait due à l'absence de barrière exogène entre l'embryon et l'eau disponible dans le substrat de culture et à la présence de régulateur de croissance (la gibbérelline). Les embryons étant incubés sur les milieux de culture, les barrières physiques (téguments) étant levées, la diffusion d'eau et les échanges de gaz tel que l'O_2 indispensable à la germination se seraient déroulés sans obstacle (Finch-Savage *et al.*, 1998; Baskin & Baskin, 2004; Debeaujon *et al.*, 2007; Nonogaki *et al.*, 2007).

Les difficultés de germination rencontrées par les embryons cultivés sur les milieux de SH et B5 contrairement au milieu MSO seraient liées à la différence de composition minérale entre ces milieux de base. En effet, dans le milieu de base SH, la teneur en calcium est deux fois moins élevée que dans le milieu de base MS. Or, le calcium est un élément constitutif des parois cellulaires et un cofacteur de plusieurs enzymes impliquées dans l'hydrolyse de l'ATP. Cette hydrolyse de l'ATP fournit l'énergie nécessaire à l'anabolisme des cellules. La faible teneur en calcium dans ces milieux aurait entraîné un dysfonctionnement des cellules des explants qui y sont cultivés (George & De Klerk, 2007).

Chez les deux espèces, après la poussée radiculaire qui provoque la fente de l'opercule, la graine est quelque fois bloquée à ce stade durant 30 à 90 jours avant que la gaine foliaire n'émerge au dessus du sol. Ceci pourrait suggérer la présence d'une restriction mécanique qui empêcherait l'embryon de croître. En effet, selon Finch-Savage et Leubner-Mertzger (2006), la radicule, chez certaines graines, ne serait pas en mesure de développer une poussée suffisante pour provoquer la rupture du testa.

Le pré-refroidissement des graines dans l'eau à 4 °C a eu un effet inhibiteur sur la germination des graines des deux espèces. Or, le pré-refroidissement est une technique qui améliore le pourcentage et le taux de germination des graines de nombreuses plantes qui présentent des difficultés de germination (Bradbeer, 1988; Rehman & Park, 2000). Selon Bradbeer (1988), les graines dormantes de *Corylus avellana* L. qui ne contenaient aucune trace de GA_3, après 12 semaines de pré-refroidissement à 4 °C renfermaient un équivalent de 0,2 mM de GA_3 qui serait responsable de la levée de dormance des graines de cette espèce. D'après Mazliak (1982), l'acide gibbérellique peut interférer avec l'effet du froid sur la levée de dormance, mais son action dépend beaucoup de sa concentration. L'inhibition de la germination des graines de rotin pourrait s'expliquer par la perte de la viabilité des embryons sous l'effet du froid. En effet, selon Ellis et Hong (1996), la plupart des graines des pays tropicaux perdent facilement leur viabilité lorsqu'elles sont exposées aux basses températures.

Les résultats obtenus nous permettent d'affirmer qu'en plus de l'état récalcitrant des graines de ces deux espèces, l'on note la présence d'une double dormance: une dormance tégumentaire et une dormance endogène ou chimique. Ces deux types de dormance ont déjà été signalés chez plusieurs espèces d'Arecaceae, dont *Areca triandra* Roxb. (Yang *et al.*, 2007). En effet, chez les rotins comme chez la plupart des palmiers, l'embryon de taille assez réduite par rapport au volume de la graine est plongé dans un albumen volumineux. Cet albumen, chez certaines espèces de palmier telle que *Elaeis guineensis* est riche en lipides et en polysaccharides (Orozco-Segovia *et al.*, 2003). Des études enzymatiques effectuées par Shepley *et al.* (1972) et Feurtado et Kermode (2007) ont montré que lorsque certaines graines dormantes sont traitées au GA_3, le processus de leur germination est précédé d'une forte activité de synthèse des amylases. La germination des embryons serait déclenchée par le GA_3. Cette phytohormone induit la synthèse des amylases qui vont hydrolyser les polysaccharides. Ces molécules mises à la disposition de l'embryon assurent sa croissance. Aussi, il a été constaté chez les deux espèces que quel que soit le traitement, leur vitesse ou taux de germination est très faible car toutes les graines ne germent pas au même moment. Cette absence de germination groupée pourrait s'expliquer par le fait que les graines d'une même infrutescence, murissent toutes ensemble mais, n'atteignent pas en même temps la maturité physiologique. L'absence de germination groupée chez les rotins a déjà été soulignée par Dransfield (2001).

L'ensemble des résultats recueillis indique que l'amélioration du pourcentage de germination des graines de ces deux espèces de rotin est possible. En effet, les traitements de scarification, d'imbibition prolongée dans de l'eau, et les traitements à la gibbérelline et au nitrate de potassium améliorent significativement le pourcentage de germination des graines.

5

Régénération et multiplication *in vitro* de *Eremospatha macrocarpa* et de *Laccosperma secundiflorum*

Objectifs

Les méthodes habituelles de multiplication des rotins utilisent la reproduction sexuée et la multiplication végétative. Ces techniques traditionnelles répondent difficilement aux besoins de plus en plus croissant du marché de rotin. L'approvisionnement soutenu de ce marché en matière première nécessite impérativement une intensification de la culture des rotins économiquement importants. La culture tissulaire déjà utilisée par Pantena *et al.* (1984), Shantha et Ramanayake (1999) et par Goh *et al.* (2001b) sur quelques espèces asiatiques représente un outil capable de produire, de façon exponentielle, des jeunes plants pour la sylviculture du rotin.

Ce chapitre présente les résultats des travaux de développement de techniques de micropropagation utilisant comme explants, les jeunes feuilles, les bourgeons, les méristèmes et les embryons matures excisés de l'espèce *Laccosperma secundiflorum*. Pour l'espèce *Eremospatha macrocarpa*, seuls les embryons excisés ont été utilisés pour la micropropagation. Deux objectifs ont été visés par cette étude :

- le développement d'une technique de culture *in vitro* utilisant les feuilles, les bourgeons et les méristèmes prélevés sur de jeunes plants en milieu naturel. Il s'agit dans ce volet de recherche, d'identifier d'une part, les milieux de base adéquats à l'organogenèse des espèces étudiées et d'autre part, les organes qui sont aptes à la micropropagation;

- la mise au point de méthodes de multiplication *in vitro* de plantules à partir des embryons excisés. Le but poursuivi est l'identification des combinaisons hormonales nécessaires à la formation de pousses à partir des explants issus du collet de ces *vitro* plants.

5.1 Propagation *in vitro* de *Laccosperma secundiflorum* à partir des méristèmes et des bourgeons axillaires

5.1.1 Site de prélèvement des organes

Les plants portant les explants pour la micropropagtaion ont été prélevés dans les lambeaux de forêts secondaires de la station expérimentale de l'Université d'Abobo-Adjamé. La description de cette station a déjà été effectuée au **chapitre 3**.

5.1.2 Essais au laboratoire

La phase d'initiation des explants s'est déroulée au laboratoire de biologie et amélioration des productions végétales de l'Unité de Formation et de Recherche des Sciences de la Nature (UFR/SN) de l'Université d'Abobo-Adjamé. Les étapes d'induction de pousses et d'établissement des jeunes plants se sont effectuées à l'Unité de Phytotechnie Tropicale et d'Horticulture (UPTH) de la Faculté Universitaire des Sciences Agronomiques de Gembloux (Belgique).

5.1.3 Matériel et méthodes

5.1.3.1 Matériel végétal

Le matériel végétal utilisé comme explant est composé de portions du limbe de jeunes feuilles non déployées de dimensions variant entre 0,5 et 1 cm; de bourgeons axillaires et de méristèmes apicaux d'environ 1 cm de longueur chacun. Ces explants ont été prélevés sur de jeunes plants, de 25 à 50 cm de hauteur. Les prélèvements ont été faits durant la saison pluvieuse entre les mois d'Août et de Septembre de l'année 2004. Les plantules ont été prélevées entre 8 - 9 heures du matin. Une fois prélevées, elles ont été emballées dans des tissus humides et transportées au laboratoire puis lavées abondamment à l'eau du robinet.

5.1.3.2 Méthodes

La maîtrise de l'organogénèse nécessite l'optimisation des différentes étapes conduisant à l'obtention de pousses individualisées et capables de se développer sur un milieu de croissance une fois séparées de l'explant initial.

L'induction de pousses et leur croissance ont été réalisées en trois étapes: (1) désinfection des organes ; (2) initiation des cultures; (3) induction de pousses.

- Mise au point d'un protocole de désinfection des explants

À l'aide d'un sécateur et d'un scalpel, les racines, les premières gaines foliaires et les téguments sont éliminés. Les bourgeons et les méristèmes sont isolés des rejets avant d'être stérilisés. Différents désinfectants déjà utilisés dans la littérature ont été testés (Padmanadhan & Ilangovan, 1989; Zhang & Tyerman, 1999; Bingshan *et al.*, 2000; Goh *et al.*, 2001a).

Trois protocoles de désinfection ont été utilisés pour la stérilisation des explants (**Tableau 13**).

Tableau 13. Protocoles de désinfection des explants

	Désinfectants		
Protocoles	Alcool	Hypochlorite de sodium	Chlorure de mercure
1	70% pendant 1 mn	1,8% pendant 30 mn	0%
2	70% pendant 1 mn	3,6% pendant 30 mn	0%
3	70% pendant 1 mn	3,6% pendant 30 mn	0,01% pendant 5 mn

Dans les trois protocoles, deux à trois gouttes de Tween 20 ont été ajoutées à la solution d'hypochlorite de sodium (NaOCl). Entre deux traitements consécutifs, les explants sont rincés trois fois avec de l'eau distillée stérile.

L'unité expérimentale est constituée de 24 explants disposés dans 24 tubes à essai disposés sur un portoir. Trois portoirs ($n = 72$) par traitement ont été utilisés pour les feuilles et les bourgeons axillaires, et deux portoirs de 24 tubes à essai ($n = 48$) pour les méristèmes apicaux. La taille de ces effectifs a été guidée par le souci de détruire le minimum possible les jeunes plants de rotins rencontrés dans ce lambeau de forêt de l'Université d'Abobo-Adjamé. Un plant de rotin peut porter plusieurs bourgeons axillaires et un seul méristème apical.

- Mise au point de milieux d'initiation des explants

Dans le but de lutter contre le brunissement des milieux de culture et de préparer les organes à l'induction de pousses, les explants ont été placés sur différents milieux d'initiation et incubés à l'obscurité totale dans une chambre de culture. La température de cette chambre de culture est réglée à 28 ± 2 °C.

Deux types de milieux d'initiation (MI1 et MI2), préparés à partir du milieu de base de Murashige et Skoog (1962) avec vitamines MS, ont été utilisés. Les vitamines et leurs concentrations, choisies sur la base des travaux de Goh *et al.* (2001a) sur *Calamus merrillii*

Becc. et *Calamus subinermis* Wendl., sont indiquées dans le **tableau 14**. Le pH des milieux de culture est ajusté à **5,8** à l'aide de KOH ou HCl (0,1N). La solidification des milieux de culture s'est faite à ébullition après addition de 2,5 g l^{-1} de gel rite et de 0,75 g l^{-1} de $MgCl_2$. Quinze millilitres (15 ml) de milieu de culture ont été ensuite distribués par tube à essai de dimension 2,1 x 15 cm. Les milieux ont été stérilisés à l'autoclave à 121 °C pendant 30 min sous une pression de 1 bar. Les explants stérilisés sous une hotte à flux laminaire selon les trois protocoles de désinfection utilisés, sont placés sur les milieux d'initiation MI1 et MI2, puis incubés à l'obscurité à 28 ± 2 °C.

Afin d'éviter le brunissement des explants sur les milieux de culture, nous avons procédé au renouvellement des milieux d'initiation chaque semaine. Après 4 semaines de subculture, les explants sont repiqués sur des milieux d'induction de pousses.

Tableau 14. Composition des milieux de culture de base utilisés dans les différentes étapes de l'organogénèse de *Laccosperma secundiflorum*

Composantes	Milieu d'initiation MI1 (mg l^{-1})	Milieu d'initiation MI2 (mg l^{-1})	Milieux d'induction MI (mg l^{-1})
Macroéléments et oligoéléments	MS	MS	MS
Fe-EDTA	MS	MS	MS
Vitamines			
Thiamine	0,1	0,1	0,1
Acide nicotinique	0,5	0,5	0,5
Glycine	2	2	2
Pyridoxine	0,5	0,5	0,5
Myo-inositol	100	100	100
Caséine hydrolysat			500
L-glutamine			100
Agar-agar/gel rite	7000/2500	7000/2500	7000/2500
saccharose	30000	30000	30000
pH	5,8	5,8	5,8
Régulateurs de croissance			
BAP	0	0,65	définie selon le test
ANA	0	0	définie selon le test

- Mise au point de milieux d'induction de pousses

Les vitamines utilisées dans les milieux d'induction sont inspirées des travaux de Chuthamas *et al.* (1989) et de Mulung (1992). Les milieux d'induction sont constitués du milieu de base MS avec vitamines (MSV) additionné de saccharose, d'hydrolysat de caséine et de L-Glutamine. La nature des composants et leurs concentrations dans les milieux d'induction de pousses sont consignées dans le **tableau 14**.

L'Acide Naphtalène acétique (ANA) qui est une auxine et la Benzyladénine (BAP), une cytokinine, sont les deux phytohormones dont les combinaisons ont servi aux différents tests d'induction des pousses. Dix combinaisons de différentes concentrations de ces deux hormones ont été utilisées en vue de déterminer le meilleur régime hormonal pour l'induction de pousses de *L. secundiflorum* (**Tableau 15**). La solidification des milieux de culture s'est faite à ébullition par addition de 2,5 g/l de gel rite et de 0,75 g l^{-1} de chlorure de magnésium ($MgCl_2$). Vingt millilitres (20 ml) de milieu ont été ensuite distribués par bocal de dimensions 5,5 x 7 cm puis stérilisés à l'autoclave à 121 °C pendant 30 minutes sous une pression de 1 bar. Sous une hotte à flux laminaire, les explants vigoureux et ayant déjà amorcé une élongation pendant la phase d'initiation sont transférés sur les différents milieux d'induction testés. Les bocaux ont ensuite été placés dans une salle de culture à 24 ± 2 °C et à 75% d'humidité relative. L'éclairement d'une intensité de 2000 lux est fourni 14 heures par jour par les tubes fluorescents de type blanc de luxe (Phillips-36W). Des subcultures ont lieu tous les 14 jours, ou dès que possible, afin d'éviter le brunissement des milieux de culture par les composés phénoliques.

Tableau 15. Combinaisons hormonales entre la BAP et l'ANA pour l'induction de pousse

Phytohormones	Concentrations en mg l^{-1}									
BAP	0,65	1	1	1	1,5	1,5	1,5	2	2	2
ANA	0	0,25	0,50	1	0,25	0,50	1	0,25	0,50	1

- Croissance des pousses

Au bout de 12 semaines de subculture, les pousses bien développées dont les tailles varient entre 1 et 2 cm sont individualisées et transférées sur un milieu d'allongement ou de croissance (MC). Le milieu de croissance est constitué des éléments du milieu de base MSV auquel ont été ajoutés 1 mg l^{-1} de BAP. Après 20 semaines de subculture, les plantules ont été transférées sur milieu d'enracinement (ME) composé du milieu MSV et de 0,5 mg l^{-1} d'acide indole acétique (AIA).

5.1.3.3 Analyses statistiques

L'unité expérimentale est constituée d'un bocal contenant cinq explants. Nous avons disposé de 12 bocaux ($n = 60$) par traitement pour les feuilles et les bourgeons axillaires et neuf bocaux ($n = 45$) pour les explants issus des méristèmes apicaux. L'efficacité des trois protocoles de désinfection a été testée en évaluant le niveau d'infection (le pourcentage d'explants infectés) après trois et sept jours d'incubation. Le pourcentage d'explants portant des pousses dans les deux milieux d'initiation (MI1 and MI2) ainsi que la vigueur des *vitro* plants ont été notés. La vigueur des plantes a été déterminée par une évaluation visuelle. Pour chaque milieu d'induction, le pourcentage d'explant portant des pousses et le nombre moyen de pousses par explant ont été enregistrés à la huitième semaine de culture. L'analyse de variance à un critère de classification (ANOVA1) a été utilisée pour tester la différence entre le nombre de pousses émises par les explants suivant les différentes combinaisons hormonales (BAP et ANA) et le nombre moyen de pousses par explant. Lorsqu'une différence significative est révélée entre deux moyennes, nous réalisons le test de la Plus Petite Différence Significative (PPDS) pour déterminer la moyenne qui diffère significativement des autres (Dagnélie, 1998). Ces tests statistiques ont été effectués à l'aide du logiciel Minitab® pour Windows, version 15 (Minitab, 2000).

5.1.4 Résultats et Discussion

5.1.4.1 Protocole de désinfection

Les **tableaux 16** et **17** présentent les résultats de désinfection des trois protocoles. Pour les explants foliaires, il n'y a eu aucune contamination quelque soit le protocole utilisé. Quant aux deux autres explants, des infections ont été constatées avec les deux premiers protocoles mais les contaminations ont considérablement baissé avec le troisième protocole utilisant HgCl$_2$. Selon les données du **tableau 17**, le troisième protocole améliore significativement la désinfection des explants ($F = 30,82$, $P < 0,001$ et $F = 25,61$, $P < 0,001$, respectivement pour les bourgeons axillaires et les méristèmes apicaux). Après sept jours d'incubation, le nombre moyen d'explants infectés a été de 0 pour les feuilles, $1 \pm 1,41$ pour les méristèmes apicaux et $1,33 \pm 1,5$ pour les bourgeons axillaires. Le troisième protocole utilisant HgCl$_2$ prévient totalement ou presque totalement l'infection des explants après 3 et 7 jours. Il se présente comme la meilleure technique de désinfection des explants issus des plantules de *Laccosperma secundiflorum* prélevées en forêt. En effet, contrairement à l'hypochlorite de sodium (NaOCl) qui est un désinfectant de surface, avec un spectre d'action assez limité, le $HgCl_2$ pénètre les gaines foliaires ainsi que les tissus pour éliminer les microorganismes présents tant à la surface qu'à l'intérieur des tissus (Zhang & Tyerman, 1999). L'efficacité de $HgCl_2$ dans la stérilisation des explants issus des organes prélevés au champ et notamment des explants de palmier a déjà été rapportée dans la littérature par Rajesh *et al.* (2003).

Tableau 16. Effet des trois protocoles de désinfection sur les explants de *Laccosperma secundiflorum*

Protocole de désinfection	Pourcentage d'explants infectés					
	Après 3 jours d'incubation			Après 7 jours d'incubation		
	Portion de feuille	Méristème apical	Bourgeon axillaire	Portion de feuille	Méristème apical	Bourgeon axillaire
1,8% NaOCl	0	13	28	0	74	83
3,6% NaOCl	0	5	12	0	65	78
3,6% NaOCl + 0,01% $HgCl_2$	0	0	0	0	4	6

Tableau 17. Nombre moyen d'explants infectés de *Laccosperma secundiflorum* soumis aux trois protocoles de désinfection

Protocole de désinfection*	Nombre moyen d'explants infectés par traitement (±SD) après sept jours d'incubation		
	Portion de feuille	Méristème apical	Bourgeon axillaire
1,8% NaOCl	-	$17,5\pm3,56^b$	$20\pm3,0^b$
3,6% NaOCl	-	$15,5\pm2,21^b$	$18,67\pm4,5^b$
3,6% NaOCl + 0,01% $HgCl_2$	-	$1\pm1,41^a$	$1,33\pm1,5^a$

*Les moyennes suivies d'une même lettre dans une colonne ne sont pas significativement différentes à $P = 0,05$.

5.1.4.2 Initiation des explants

Les trois types d'explant se comportent différemment sur les milieux d'initiation. En effet, les explants foliaires se nécrosent après quatre semaines de culture, quelques soit le milieu d'initiation. Cette nécrose des explants foliaires serait probablement liée à leur fragilité vis-à-vis de NaOCl. Au contraire, l'on a observé un débourrement au niveau des bourgeons axillaires et des méristèmes apicaux. Cependant, les explants issus du milieu MI2 (MI1 + 0,65 mg l^{-1} de BAP) sont plus vigoureux que ceux qui proviennent du milieu MI1. En conséquence, les explants issus du milieu MI2 ont été utilisés pour l'induction des pousses (**Figure 22**).

Figure 22. Explants de *Laccosperma secundiflorum* (P. Beauv.) Küntze après 3 semaines d'initiation sur milieu de base MS modifié de 0,65 mg l^{-1} de BAP: **A-** bourgeon axillaire ; **B-** méristème apical

Le débourrement et la vigueur des bourgeons et des méristèmes constatés sur le milieu MI2 (MSV additionné de 0,65 mg l^{-1} BAP) seraient liés à la présence de BAP qui stimule la division cellulaire et la morphogénèse (Staden *et al.*, 2007). Le prétraitement de certains organes en présence de la BAP pour la multiplication ou l'organogenèse a déjà été souligné par Beena *et al.* (2003) sur *Ceropegia candelabrum* (L.)

5.1.4.3 Induction de pousses

La formation de pousses par les explants est significativement influencée par les combinaisons hormonales (**Tableau 18**). Le pourcentage d'explant produisant des pousses est significativement influencé par les combinaisons hormonales, et varie de 11,67 ± 10,30% à

85,33 ± 14,35% pour les bourgeons axillaires ($F = 38,46$; $P < 0,001$), et de 11,11 ± 14,35% à 86,67 ± 10,00% pour les méristèmes apicaux ($F = 27,70$; $P < 0,001$). Le nombre moyen de pousses produites par explant est significativement influencé par les combinaisons hormonales et varie entre 0,71 ± 0,11 à 3,71 ± 1,96 pousses pour les bourgeons axillaires ($F = 29,39$; $P < 0,001$), et de 0,61 ± 0,16 à 3,10 ± 1,46 pour les méristèmes ($F = 22,67$; $P < 0,001$).

Tableau 18. Effet des combinaisons de BAP et de ANA sur la formation de pousses à partir de méristèmes axillaires et de bourgeons apicaux de *Laccosperma secundiflorum* après huit semaines d'incubation

Hormone (mg l⁻¹) *		Pourcentage moyen d'explants portant des pousses (%)		Nombre moyen de pousse par explant (±SD)	
BAP	ANA	Bourgeon axillaire	Méristème apical	Bourgeon axillaire	Méristème apical
0,65	0	13,33±13,03[a]	11,11±14,53[a]	0,71±0,11[a]	0,61±0,16[a]
1	0,25	43,33±14,35[b]	37,78±15,63[b]	1,31±1,07[bc]	1,31±0,71[bc]
1	0,50	53,33±9,85[b]	46,67±10,00[bc]	1,77±1,35[cd]	1,47±0,91[cd]
1	1	85,33±14,35[c]	86,67±10,00[e]	3,71±1,96[e]	3,10±1,46[e]
1,5	0,25	51,67±10,30[b]	24,44±8,82[a]	1,52±0,82[c]	1,00±0,67[ab]
1,5	0,50	55,00±15,08[b]	71,11±14,53[d]	1,33±1,11[bc]	1,78±0,90[d]
1,5	1	75,00±12,43[c]	57,78±23,33[cd]	2,06±1,21[d]	1,81±1,43[d]
2	0,25	23,33±11,55[a]	15,56±8,82[a]	0,83±0,75[a]	0,72±0,70[a]
2	0,50	16,67±7,78[a]	17,78±12,02[a]	0,94±0,86[b]	0,83±0,65[a]
2	1	11,67±10,30[a]	15,56±8,82[a]	0,78±0,75[a]	0,69±0,60[a]

*Les moyennes suivies d'une même lettre dans une colonne ne sont pas significativement différentes à $P = 0,05$.

Lorsque la concentration de BAP est fixée à 1 mg l⁻¹, le pourcentage d'explant induisant des pousses aussi bien que le nombre moyen de pousses par explant s'accroît avec une augmentation de la concentration en ANA. En effet, selon Staden *et al.* (2007), l'action des cytokinines est plus perceptible lorsqu'elles sont associées aux auxines. On note, cependant, que les concentrations de BAP supérieures à 1,5 mg l⁻¹ induisent une hyperhydratation des explants et favorisent une faible induction de pousse (**Figure 23**). En effet, les concentrations élevées de BAP auraient inhibé l'action des nitrates réductase de manière à provoquer une teneur élevée en ion NO_3^- ; principale cause de l'hyperhydratation des cellules des explants en culture (George & De Klerk, 2007).

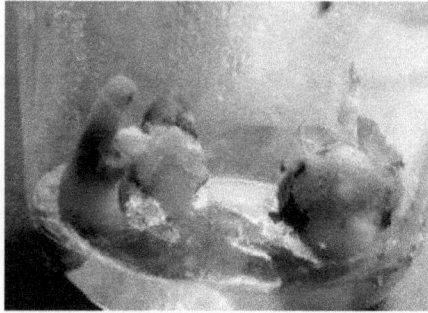

Figure 23. Hyperhydratation des bourgeons axillaires de *Laccosperma secundiflorum* (P. Beauv.) Kuntze cultivés sur milieu à forte teneur de BAP (> 1.5 mg l^{-1})

Les milieux contenant la combinaison 2 mg l^{-1} de BAP et 0,5 mg l^{-1} de ANA et le milieu contenant 0,65 mg l^{-1} de BAP se distinguent particulièrement des autres par la formation remarquable de cals sur les explants. La callogenèse des explants sur milieux contenant des cytokinines et dépourvus d'auxine, ou de faible concentration d'auxine, a déjà été signalée chez quelques espèces de palmier dont *Areca catechu* (L.) (Wang *et al.*, (2003). Ces auteurs ont observé une formation importante de cals sur les pousses en formation de *Areca catechu* L. cultivé sur MS additionné de 0,2 mg l^{-1} de BAP et de 0,2 mg l^{-1} de Thidiazuron (TDZ). Yusoff et Manokaran (1985) en cultivant les explants racinaires de *Calamus manan* sur MS contenant 0,15 mg l^{-1} de BAP, ont obtenu la formation des cals puis des embryons somatiques. Le milieu contenant 1 mg l^{-1} de BAP et 1 mg l^{-1} de ANA a induit le pourcentage le plus élevé de pousses (> 85%), suivi du milieu composé de 1,5 mg l^{-1} BAP et de 0,5 mg l^{-1} de ANA, puis de celui contenant 1,5 mg l^{-1} de BAP et 1 mg l^{-1} ANA (**Figure 24**). Quatre-vingt seize pourcent (96%) des pousses formées, une fois repiquées sur milieu d'enracinement, c'est à dire sur MSV contenant 0,5 mg l^{-1} de IAA, développent une à deux racines après deux semaines de culture (**Figure 25**).

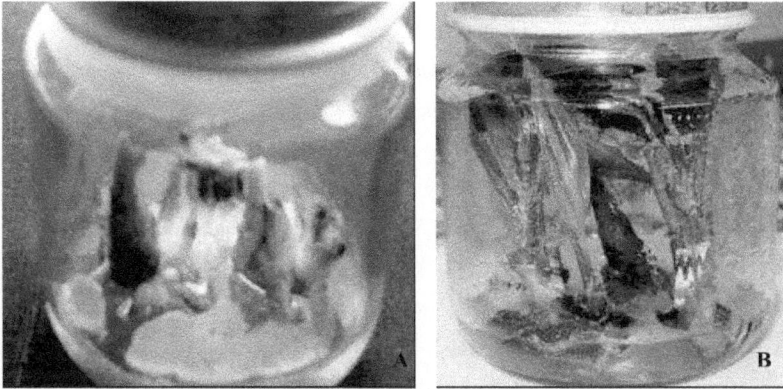

Figure 24. Formation de multiples pousses à partir d'explant, issu du méristème apical de *Laccosperma secundiflorum* (P. Beauv.) Küntze, cultivé sur MSV modifié de 1 mg l^{-1} de BAP et 1 mg l^{-1} de ANA : **A-** induction de pousses, **B-** établissement de jeunes plants

Figure 25. Enracinement d'une pousse individualisée de *Laccosperma secundiflorum* (P. Beauv.) Küntze sur MSV modifié de 0,5 mg l^{-1} de AIA

Les résultats de cette étude montrent le grand potentiel de production de pousse par les bourgeons axillaires et les méristèmes et la non réactivité des explants foliaires des rotins. Des résultats similaires ont été observés sur d'autres espèces de rotins. En effet, les études conduites par Goh *et al.* (1999, 2001b) ont montré que les explants foliaires collectés sur les *vitro* plants de quelques espèces asiatiques de *Calamus* ne se prêtaient pas à la micro propagation. Au contraire, les explants issus de méristème des *vitro* plants de *Calamus manan* (Yusoff, 1989) et de *Calamus manillensis* Mart. (Patena *et al.*, 1984) induisent la formation de trois à six pousses par explant, après trois mois de culture. Les explants de *Laccosperma secundiflorum* ont faiblement réagi dans les différents milieux comparés à ceux de *Calamus* spp. (Patena *et al.*, 1984). Ces différences pourraient s'expliquer par le fait que les séries d'immersion de ces organes dans les solutions de désinfection auraient altéré le potentiel de viabilité ou de réactivité de ces explants. Au niveau des explants foliaires, l'absence totale d'émission de pousse est probablement liée au fait que les feuilles sont dépourvues de bourgeons ou de méristèmes. Notons que les explants utilisés par Patena *et al.* (1984) ont été prélevés sur des *vitro* plants issus de la germination des embryons excisés donc exempts de toutes contaminations.

La culture tissulaire ou la micro propagation des rotins africains n'a jamais été réalisée à notre connaissance. Les premiers travaux réalisées par Zoro Bi et Kouakou (2004b) sur la production de semences ont été axées sur la multiplication conventionnelle ; c'est-à-dire la multiplication végétative de deux espèces de rotins (*Laccosperma leave* et *Laccosperma secundiflorum*) utilisant les rejets et les rhizomes. Les résultats de ces travaux ont démontré la faisabilité de cette technique sur *L. secundiflorum*. En effet, avec les meilleurs milieux d'induction de pousse (1 mg l^{-1} BAP + 1 mg l^{-1} ANA et 1,5 mg l^{-1} BAP + 1 mg l^{-1} ANA), chaque explant pourrait produire, en moyenne, au bout de deux mois, trois pousses. Au terme donc de six cycles de culture de deux mois chacun, on pourrait se retrouver à $U_n = 4^n U_0 =$ 4096 pousses à partir d'un seul méristème ou bourgeon au départ. Avec n = nombre de cycle au temps t et U_n = nombre de pousses au cycle n et $U_0 = 1$ organe au temps t=0.

5.2 Propagation *in vitro* à partir des embryons excisés des graines de *Laccosperma secundiflorum* et de *Eremospatha macrocarpa*

5.2.1 Sites de collecte des fruits

Les fruits des deux espèces étudiées ont été récoltés dans deux régions différentes de la Côte d'Ivoire. Les fruits de *L. secundiflorum* ont été collectés dans le Parc National des Iles Ehotilé et ceux de *E. macrocarpa* collectés dans la forêt classée de la Haute Dodo. La description de ces sites de collecte a déjà été effectuée au **chapitre 2**.

5.2.2 Essais au laboratoire

L'essentiel des travaux axés sur la micropropagation à partir des embryons excisés s'est effectué à l'Unité de Phytotechnie Tropicale et d'Horticulture (UPTH) de la Faculté Universitaire des Sciences Agronomiques de Gembloux (Belgique).

5.2.3 Matériel et méthodes

5.2.3.1 Matériel végétal

Le matériel végétal utilisé dans cette étude est essentiellement composé des graines issues des fruits mûrs ramassés aux pieds des touffes ou récoltés sur les infrutescences.

5.2.3.2 Méthode

Le nettoyage et la désinfection des graines et des embryons ont déjà été détaillés au **chapitre 4**.

- Mise au point de milieux d'induction de pousses

Les embryons excisés et aseptisés sont incubés sur un milieu de germination préalablement identifié (**Chapitre 4**). Il s'agit du milieu MS avec vitamines auquel ont été ajoutés 30 g l^{-1} de saccharose, 7 g l^{-1} d'agar ou 2,6 g l^{-1} de gel rite, 0,5 g l^{-1} d'hydrolysat de caséine, 0,1 g l^{-1} de myo inositol et de 3,46 10^{-3} g l^{-1} de gibbérelline. L'incubation des embryons s'est faite à l'obscurité totale et à la température de 28 ± 2 °C. Après deux mois d'incubation, les graines germées et les plantules ayant atteint 2 à 3 cm de hauteur sont isolées et placées dans une chambre de culture à 28 ± 2 °C sous avec une photopériode de 14 heures et une intensité lumineuse de 2000 lux. Au bout de 60 jours d'incubation sous cette photopériode, les plantules de 3 à 5 cm de hauteur au stade deux feuilles (**Figure 26**) sont utilisées pour l'induction de pousses. En effet, sous une hotte à flux laminaire et dans les conditions aseptiques, ces plantules sont sectionnées au niveau du collet à environ 1 cm à partir des racines. Ce collet, débarrassé de ses racines, est mis en culture sur différents milieux. Six milieux de prolifération, inspirés des travaux de Gunawan (1995) et de Bingshan (2000) sur quelques espèces asiatiques de rotins, ont été testés (**Tableaux 19 et 20**). Pour chaque espèce et quelques soit le milieu testé, nous avons disposé de 18 collets de plantules réparties en trois répétitions de 6 organes chacune. Chaque collet est placé dans un tube à essai de 55 ml contenant 10 ml de solution de culture. Les milieux de culture contenant les explants sont incubés dans une chambre de culture à 28 ± 2 °C, à l'humidité relative (HR) saturante (75 à 85%), à une photopériode de 14 heures et à une intensité lumineuse de 2000 lux.

Pour chaque milieu de multiplication, le pourcentage de collets portant des pousses et le nombre moyen de pousses par collet ont été enregistrés après 12 semaines de culture.

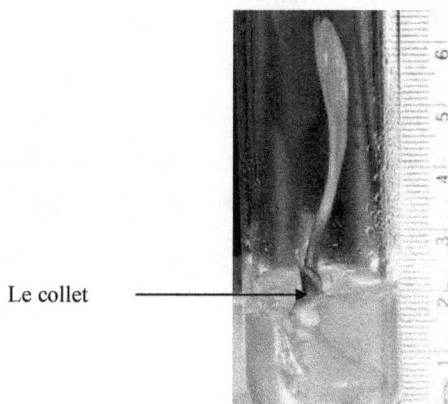

Le collet

Figure 26. *Vitro* plant de *Laccosperma secundiflorum* (P. Beauv.) Küntze issu de la germination d'un embryon excisé, 4 mois après incubation sur milieu de base MS modifié de $3,46 \ 10^{-3}$ g l^{-1} de GA_3

5.2.3.3 Analyses statistiques

L'unité expérimentale est représentée par un portoir de six tubes à essai contenant chacun un explant (collet). Nous avons disposé de trois portoirs ($n = 18$) pour chaque milieu de multiplication testé. L'analyse de variance à un critère de classification (ANOVA1) a été utilisée pour tester la différence entre le nombre moyen de pousses émises par les explants suivant les différents milieux testés et le pourcentage moyen d'explant portant des pousses. Pour ce dernier test, l'ANOVA1 est réalisée à partir des données transformées en arc sinus. Lorsqu'une différence significative est révélée entre deux moyennes, nous réalisons le test de la Plus Petite Différence Significative (PPDS) pour déterminer la moyenne qui diffère significativement des autres (Dagnélie, 1998). Ces tests statistiques ont été effectués à l'aide du logiciel Minitab® pour Windows, version 15 (Minitab, 2000).

5.2.4 Résultats

5.2.4.1 *Laccosperma secundiflorum*

L'émission de pousse se caractérise par la formation d''yeux' ou bourgeons au collet de l'explant (**Figure 27**).

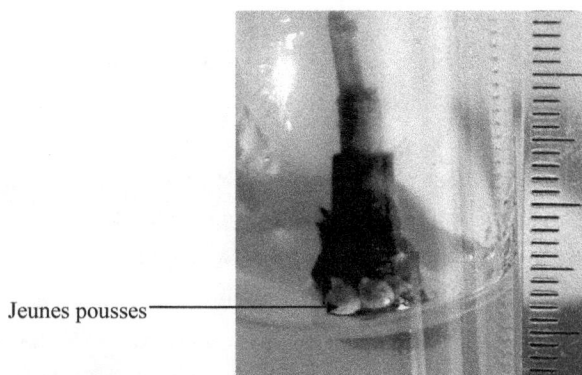

Jeunes pousses

Figure 27. Formation de pousses au collet d'un explant de *Laccosperma secundiflorum* (P. Beauv.) Küntze cultivé sur le milieu 4 mg l^{-1} de BAP et 1 mg l^{-1} d'AIB

Le nombre moyen de pousses par explant et le pourcentage moyen d'explants portant des pousses, au terme de 12 semaines de culture, sont illustrés dans le **tableau 19.**

Tableau 19. Effet de la BAP combinée à l'ANA et l'AIB sur l'induction de pousses des explants (collet) issus de *Laccosperma secundiflorum* après 12 semaines d'incubation

Auxines*	BAP (mg l-1)*	Pourcentage moyen d'explants portant des pousses (±SD)	Nombre moyen de pousses par explant (±SD)
ANA (mg l^{-1}) 1	2	83,33±0,0^b	2,28±1,32^b
	4	86,89±9,62^b	2,66±1,49^b
	8	44,44±19,24^a	0,72±0,96^a
AIB (mg l^{-1}) 1	2	77,77±9,22^{ab}	2,11±1,45^b
	4	88,89±9,62^b	4,44±1,97^c
	8	61,11±9,62^a	0,89±0,90^a

*Les moyennes suivies d'une même lettre dans une colonne ne sont pas significativement différentes à $P = 0,05$.

Les données de ce tableau montrent que l'induction des pousses est significativement influencée par le milieu de multiplication, quelque soit le type d'auxine associé à la BAP. Les pourcentages moyens d'explant portant des pousses sont significativement différents entre les trois concentrations de BAP associées à l'ANA ($F = 11,40$; $P < 0,001$). Il en est de même lorsque la BAP est associée à l'AIB ($F = 25,83$; $P < 0,001$). Les pourcentages moyens d'explant portant des pousses les plus élevés sont de $86,89 \pm 9,62$ et $88,89 \pm 9,62$ lorsque la BAP (4 mg l^{-1}) est associée à l'ANA et à l'AIB, respectivement. Le nombre moyen de pousses produites par explant est significativement influencé par la concentration de BAP ($F = 11,68$; $P < 0,001$ et $F = 25,83$; $P < 0,001$, respectivement lorsque la BAP est associée à l'ANA et à l'IBA). La BAP à 4 mg l^{-1} combinée à 1 mg l^{-1} d'ANA et de l'AIB donne le nombre moyen le plus élevé de pousses par explant. La concentration la plus élevée (8 mg l^{-1}) de BAP donne le pourcentage moyen d'explant portant des pousses et le nombre moyen de pousse par explant les plus faibles quelle que soit le type d'auxine associé. Les pousses formées sur ces milieux sont hyperhydratées.

5.2.4.2 *Eremospatha macrocarpa*

Tout comme chez *Laccosperma secundiflorum*, la production de pousses chez *Eremospatha macrocarpa* se fait également au collet des explants incubés (**Figure 28**).

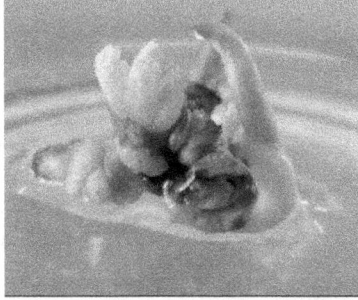

Figure 28. Formation de pousses au collet d'un explant de *Eremospatha macrocarpa* (G. Mann & H. Wendl.) H. Wendl cultivé sur le milieu 4 mg l^{-1} de BAP et 1 mg l^{-1} d'ANA

Le **tableau 20** présente les pourcentages moyens d'explants portant des pousses et le nombre moyen de pousses par explant obtenus après 12 semaines d'incubation. Quelle que soit la teneur d'auxine combinée à la BAP, le pourcentage moyen d'explant portant des pousses est significativement influencé par la concentration en BAP ($F = 15,79$; $P = 0,004$ et $F = 6,33$; $P = 0,033$ respectivement, lorsque la BAP est associée à l'ANA et à l'AIB). Cependant, la concentration de BAP 2 mg l^{-1} donne les pourcentages moyens les plus élevés d'explants portant les pousses. Ces valeurs sont de $88,89 \pm 19,25$ et de $78,89 \pm 19,25$ respectivement, lorsque la BAP 2 mg l^{-1} est combinée à 1 mg d'ANA et d'AIB. On note aussi que le nombre moyen de pousses produites par explant est significativement influencé par la concentration en BAP ($F = 8,32$; $P < 0,001$ et $F = 9,38$; $P < 0,001$, respectivement lorsque la BAP est associée à l'ANA et à l'AIB). Les nombres moyens les plus élevés de pousses par explant ont été obtenus avec la concentration de 4 mg l^{-1} de BAP et quelle que soit le type d'auxine associé.

Tableau 20. Effet de la BAP combinée à l'ANA et l'AIB sur l'induction de pousses des explants (collet) issus de *Eremospatha macrocarpa* après 12 semaines d'incubation

Auxines*	BAP (mg l^{-1})*	Pourcentage moyen d'explants portant des pousses (±SD)	Nombre moyen de pousses par explant (±SD)
ANA (mg l^{-1}) 1	2	88,89±19,25[b]	2,00±1,37[b]
	4	72,22±9,62[b]	2,44±1,67[b]
	8	33,33±0,0[a]	0,66±1,03[a]
AIB (mg l^{-1}) 1	2	78,89±19,25[b]	2,16±1,15[b]
	4	61,11±9,62[b]	1,94±1,69[b]
	8	22,11±9,72[a]	0,44±0,92[a]

*Les moyennes suivies d'une même lettre dans une colonne ne sont pas significativement différentes à $P = 0,05$.

5.2.5 Discussion

Ces résultats montrent le grand potentiel de production de pousses du collet des *vitro* plants de rotin. Cependant, cette aptitude des explants à la production de pousses, quel que soit le type d'auxine associé, diminue lorsque la concentration de BAP est élevée. Ces résultats sont en accord avec ceux de Bingshan *et al.* (2000) sur le collet des *vitro* plants de *Calamus* spp. En fait ces auteurs ont mis en évidence une production croissante de pousses pour les concentrations de BAP allant de 1 mg l^{-1} à 6 mg l^{-1}, puis une chute de la production à partir de 8 mg l^{-1}. Les concentrations élevées de BAP inhibent la production des pousses au profit d'une hypertrophie des explants. L'action des cytokinines est plus perceptible en culture tissulaire lorsqu'elles sont associées aux auxines. Cependant, ce rapport cytokinine/auxine, pour une expression optimale de l'explant, doit être adapté à l'espèce (George, 1996 ; Staden *et al.*, 2007). Les cytokinines étant impliquées dans la synthèse des protéines, des concentrations élevées de BAP pourraient occasionner une perturbation du métabolisme cellulaire (Ziv & Chen, 2007). Ceci expliquerait l'hyperhydratation des pousses constatée sur ce milieu. Selon Gunawan (1995), le rapport cytokinine/auxine (BAP/ANA) pour une production optimale de pousses chez *Calamus* spp. est de 2 mais avec des concentrations variant de 1 à 4 mg l^{-1}.

6

Etude *in situ* de la croissance et du développement de jeunes plants régénérés *ex situ*

Objectif

La production à grande échelle de jeunes plants vigoureux et génétiquement uniformes est une condition préalable au succès de tout programme de sylviculture. Cependant, ces jeunes plants régénérés *ex situ* doivent pouvoir s'acclimater et résister aux nouvelles conditions de culture que leur réserve le milieu naturel (Hazarika, 2003).

Ce chapitre présente les résultats d'une étude *in situ* de la croissance et du développement de jeunes plants régénérés en pépinière. L'objectif qui a motivé cette investigation est la détermination de l'aptitude à la croissance de ces jeunes plants dans le milieu naturel.

6.1 Sites d'étude

Le site d'expérimentation est une forêt primaire de deux hectares choisie dans la forêt classée de N'zodji déjà décrite au **chapitre 3**.

6.2 Matériel et méthodes

6.2.1 Matériel végétal

Le matériel végétal utilisé est constitué de jeunes plants des deux espèces de rotins : *Laccosperma secundiflorum* avec 74 plants dont 37 introduits et 37 sauvages, *Eremospatha macrocarpa* avec 68 plants dont 34 introduits et 34 sauvages. Les plants introduits ont été régénérés en pépinière (**Chapitre 3**) à partir de rejets prélevés sur les plantes mères dans la forêt classée de N'zodji. Ces plants, âgés de 12 mois, avaient une taille variant entre 25 et 30 cm de hauteur (Siebert, 2000). Le nombre de feuilles émises variait entre 3 et 4 pour *L. secundiflorum* et entre 2 et 3 pour *E. macrocarpa*.

6.2.2 Méthodes

Au terme de 12 mois de culture en pépinière, les jeunes plants ont été transférés dans la forêt classée de N'zodji où ils ont été repiqués à proximité des plants sauvages dans le but de suivre l'évolution de leur croissance. La détermination de l'âge réelle des plants sauvages ne pouvant pas se faire avec précision, nous nous sommes basés sur l'aspect de ces plants. En effet, nous avons considéré qu'un plant sauvage a le même âge qu'un plant introduit, lorsque le premier présente la même taille et le même nombre de feuille que le second. Les plants régénérés ont été repiqués dans des trous de 20 cm de profondeur et 15 cm de largeur préalablement creusés. Le repiquage s'est fait à 1,5 m des pieds sauvages afin d'éviter d'éventuelles interférences de facteurs édaphiques.

Afin de suivre la croissance des plants, nous avons examiné, sur 36 mois, pour chaque espèce et pour chaque type de plant, sept paramètres. Il s'agit de la longueur et le diamètre des pétioles ainsi que la surface foliaire qui pourraient traduire la vigueur des plants. Il s'agit de la taille, du nombre de feuilles et de rejets émis qui expriment la phénologie et l'aptitude à la régénération. Et enfin, la biomasse foliaire qui nous renseigne sur la quantité de matière sèche végétale (foliaire) produite par les plants. Ces différents paramètres ont été mesurés trois fois sur les 36 mois, avec un intervalle de temps de 12 mois entre deux mesures consécutives. Afin de tester la résistance des plants produits en pépinière dans le milieu naturel, nous avons relevé chaque année, le taux de viabilité.

6.2.2.1 Mesure de la longueur et du diamètre du pétiole

Les mesures de diamètre et de longueur des pétioles ont porté sur les deux avant dernières feuilles émises par chaque type de plants étudiés. À l'aide d'un pied-à-coulisse à affichage digitale, nous avons mesuré le diamètre des pétioles des deux feuilles indiquées sur chaque type de plant. En ce qui concerne la longueur, à l'aide d'un mètre ruban, nous avons mesuré la distance qui sépare le premier lobe et le point d'attache du pétiole à la gaine foliaire.

6.2.2.2 Mesure de la surface foliaire

Deux lobes prélevés au hasard sur l'avant dernière feuille émise par les plants ont servi à cette étude. La surface foliaire a été déterminée par la méthode dite destructive et indirecte. Une fois les lobes prélevés, leurs contours ont aussitôt été calqués sur du papier millimétré. Les surfaces déterminées après calquage sont découpées à l'aide d'une paire de ciseaux et pesées sur une balance électronique de précision ($\pm 10^{-3}$ g) au laboratoire (**Figure 29**). À partir d'une portion de ce même papier millimétré de poids et de surface connus, nous avons estimé la surface foliaire (cm^2) à partir de cette formule :

$$S_X = \frac{P_X \times S_C}{P_C}$$

Avec :

S_X = Surface foliaire recherchée

S_C = Surface de la portion de papier millimétré dont le poids est connu

P_X = Poids de la portion de papier millimétrée dont la surface est recherchée

P_C = Poids connu de la portion de papier millimétré dont la surface est connue

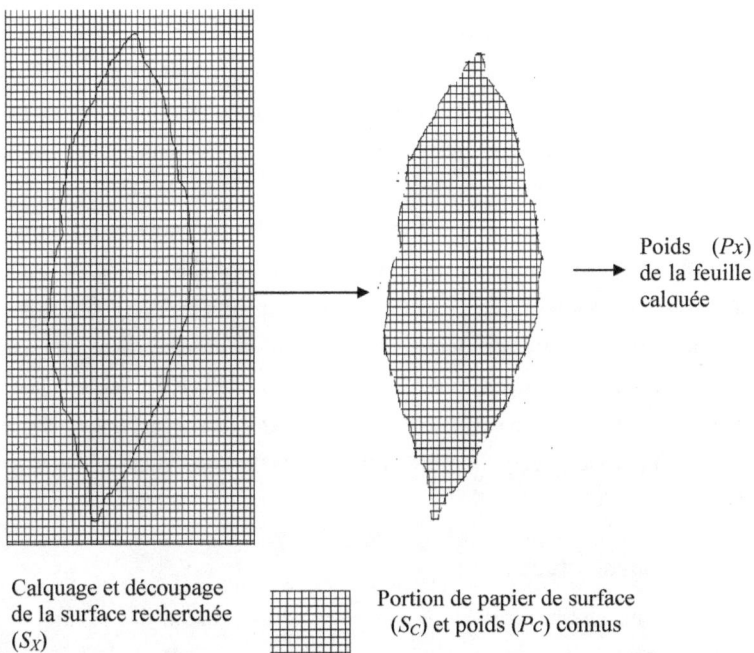

Figure 29. Schéma expliquant la méthode d'estimation de la surface foliaire des plants étudiés

6.2.2.3 Nombre de rejets et de feuilles émis

Le nombre de feuilles émises a été déterminé en dénombrant le nombre de feuilles déployées au delà de l'étiquète rattachée au pétiole de la dernière feuille de l'année précédente. En effet, chaque année, durant la collecte des données, l'étiquète portant les références du plant a été rattachée au pétiole de la dernière feuille afin de faciliter la détermination du nombre de feuilles émises dans l'année suivante. Ces résultats nous ont permis de déterminer le nombre moyen de feuilles émis par chaque type de plants et selon l'espèce. Quant au nombre de rejets émis, il correspond au nombre de drageons émis à partir du collet du plant durant l'année.

6.2.2.4 Mesure de la biomasse foliaire et de la croissance en hauteur des plantes

Les deux lobes qui ont servi à la détermination de la surface foliaire ont été utilisés pour le calcul de la biomasse foliaire. Etant donné que *E. macrocarpa* à ce stade porte très peu de feuilles (1 à 2 feuilles), nous n'avons pas jugé nécessaire d'étudier la biomasse foliaire à la première année. Par conséquent, un seul lobe par feuille a pu être utilisé pour l'étude de la biomasse foliaire sur les deux dernières années dans le souci d'assurer la survie du jeune plant. Après la collecte, les lobes étiquetés ont été conservées dans des sachets en plastique hermétiquement fermés et conservés à l'ombre à l'humidité saturante (au bord d'une rivière). Les feuilles sont ensuite transportées au laboratoire dans les 24 heures qui ont suivi pour être pesées puis séchées. La pesée s'est faite sur une balance électronique de précision ($\pm$ 10^{-3} g) puis une fois pesées, les lobes ont été séchés. Le séchage s'est effectué à l'étuve à 50 °C. Les feuilles ont été sorties régulièrement de l'étuve et pesées jusqu'à l'obtention d'un poids sec constant. Ce poids sec, exprimé en milligramme de matière sèche par feuille (mgMs/f) représente la quantité de matières sèches organiques produite par lobe et rapportée par feuille de plant. La hauteur du plant, exprimée en centimètre (cm), représente la distance qui sépare le collet à la zone de détachement du pétiole de la dernière feuille déployée (Bacilieri *et al.*, 1998).

6.2.3 Analyse statistique

Le traitement statistique utilisé pour la comparaison des plants par rapport à un caractère donné est le test *t* de Student. Ce test est réalisé à l'aide du logiciel Minitab® pour Windows, version 15 (Minitab, 2000).

6.3 Résultats

Les données relatives à la comparaison des différents paramètres analysés sur les deux types de plants étudiés durant les trois années consécutives sont consignées dans les tableaux en annexe. Le nombre moyen de lobes relevés, durant les 36 mois de suivi, par feuille, est de 30 pour *Laccosperma secundiflorum* et 4 pour *Eremospatha macrocarpa*.

6.3.1 *Laccosperma secundiflorum*

Les valeurs moyennes des mesures des paramètres de croissance effectuées sur les trois années pour *L. secundiflorum* sont indiquées dans le **tableau 21**. Il ressort de ce tableau qu'au terme des 36 mois de suivi, de façon générale, il n'y a pas de différence significative entre les deux types de plants quel que soit le paramètre de croissance étudié pour *L. secundiflorum*.

Cependant, à la première année, on remarque une différence significative entre les plants introduits et les plants sauvages pour le nombre de rejets émis ($t = 2,59$; $P = 0,017$). Le nombre moyen de rejets émis est de $0,06 \pm 0,24$ pour les plants régénérés contre $0,42 \pm 0,51$ pour les plants sauvages. Le taux de mortalité sur les trois années correspond au taux de mortalité enregistré à la première année d'introduction. En effet, au terme des 12 premiers mois, trois plants introduits sur les 37, soit 8,11 %, n'ont pu survivre alors que tous les plants sauvages sont restés toujours en vie.

Tableau 21. Comparaison de valeurs moyennes (± écart type) des paramètres de croissance de jeunes plants de *Laccosperma secundiflorum* durant 36 mois avec le test *t* de Student

Années	Paramètres	Types	Moyennes (±SD)	Statistiques	
				t	*p*
Année 1	Diamètre pétiole (cm)	Introduit	0,46±0,10	0,06	0,955
		Sauvage	0,45±0,17		
	Longueur pétiole (cm)	Introduit	33,4±11,6	0,96	0,344
		Sauvage	37,9±15,4		
	Nombre de feuilles	Introduit	0,35±0,70	0,83	0,415
		Sauvage	0,59±0,94		
	Nombre de rejets	Introduit	0,06±0,24	2,59	0,017
		Sauvage	0,42±0,51		
	Hauteur (cm)	Introduit	0,55±0,24	1,31	0,200
		Sauvage	0,67±0,31		
	Surface foliaire (cm^2)	Introduit	68,4±34,2	1,09	0,283
		Sauvage	84,3±49,3		
Année 2	Diamètre pétiole (cm)	Introduit	0,67±0,16	0,22	0,823
		Sauvage	0,69±0,22		
	Longueur pétiole (cm)	Introduit	51,6±17,3	0,61	0,542
		Sauvage	49,1±17,1		
	Nombre de feuilles	Introduit	2,62±1,21	0,86	0,396
		Sauvage	2,824±0,716		
	Nombre de rejets	Introduit	0,706±0,836	1,38	0,173
		Sauvage	0,441±0,746		
	Hauteur (cm)	Introduit	0,731±0,356	1,03	0,306
		Sauvage	0,819±0,349		
	Surface foliaire (cm^2)	Introduit	99,4±29,4	0,28	0,783
		Sauvage	97,00±41,8		
	Biomasse foliaire (mgMS/f)	Introduit	17,31±4,74	2,65	0,010
		Sauvage	14,16±5,07		
Année 3	Diamètre pétiole (cm)	Introduit	0,72±0,18	1,05	0,297
		Sauvage	0,77±0,18		
	Longueur pétiole (cm)	Introduit	65,60±30,10	0,10	0,918
		Sauvage	64,8±30,80		
	Nombre de feuilles	Introduit	2,618±0,817	0,33	0,745
		Sauvage	2,559±0,660		
	Nombre de rejets	Introduit	0,618±0,985	1,06	0,294
		Sauvage	0,412±0,557		
	Hauteur (cm)	Introduit	1,236±0,501	0,71	0,482
		Sauvage	1,313±0,386		
	Surface foliaire (cm^2)	Introduit	92,1±28,7	0,91	0,368
		Sauvage	87,1±13,8		
	Biomasse foliaire (mgMS/f)	Introduit	15,36±5,1	1,25	0,217
		Sauvage	13,86±4,08		

6.3.2 *Eremospatha macrocarpa*

Au bout des 36 mois de suivi, les données sur les paramètres mesurés, indiquées dans le **tableau 22** montrent qu'il n'y a pas de différence significative entre les paramètres de croissance des deux types de plants étudiés. Cependant, à la première année, la longueur du pétiole, le nombre de feuilles et de rejets émis par les plants sauvages diffèrent significativement de ceux des plants introduits. Les longueurs moyennes des pétioles sont de 21,1 ± 9,08 cm pour les plants introduits contre 32,7 ± 13,00 pour les sauvages. En ce qui concerne le nombre de feuilles et de rejets émis, ils sont respectivement de 0,05 ± 0,60 et 0,05 ± 0,22 pour les plants introduits et de 0,10 ± 0,30 et 0,55 ± 0,60 pour les plants sauvages. Le nombre de rejets émis par les plants sauvages est 10 fois supérieur au nombre émis par les plants régénérés.

Il est aussi important de souligner la grande variabilité des surfaces foliaires moyennes relevées chaque année. Contrairement aux autres paramètres de croissance qui évoluent dans le temps, la surface foliaire à la deuxième année est supérieure à celles relevées à la première et à la troisième année.

En ce qui concerne le taux de mortalité, nous n'avons pas noté de plant mort durant les deux dernières années. Les pertes de plants (2/34 soit 5,88%) ont été observées à la première année. Au niveau des plants sauvages, nous n'avons pas enregistré de perte sur les trois années de suivi.

Tableau 22. Comparaison de valeurs moyennes (± écart type) des paramètres de croissance des jeunes plants de *Eremospatha macrocarpa* durant 36 mois avec le test *t* de Student

Années	Paramètres	Types	Moyennes (±SD)	Statistiques *t*	Statistiques *p*
Année 1	Diamètre pétiole (cm)	Introduit	0,41±0,02	0,71	0,48
		Sauvage	0,42±0,08		
	Longueur pétiole (cm)	Introduit	21,1±9,08	3,26	0,003
		Sauvage	32,7±13,00		
	Nombre de feuilles	Introduit	0,05±0,60	4,17	< 0,001
		Sauvage	0,10±0,30		
	Nombre de rejets	Introduit	0,05±0,22	2,97	0,006
		Sauvage	0,55±0,60		
	Hauteur (cm)	Introduit	0,35±0,12	0,91	0,367
		Sauvage	0,39±0,17		
	Surface foliaire (cm²)	Introduit	151,6±61,7	1,14	0,264
		Sauvage	128,2±68,1		
Année 2	Diamètre pétiole (cm)	Introduit	0,47±0,12	0,32	0,748
		Sauvage	0,43±0,13		
	Longueur pétiole (cm)	Introduit	25,5±10,5	0,64	0,526
		Sauvage	27,6±15,3		
	Nombre de feuilles	Introduit	1±0,803	0,80	0,429
		Sauvage	1,16±0,767		
	Nombre de rejets	Introduit	0,16±0,369	1,48	0,145
		Sauvage	0,312±0,471		
	Hauteur (cm)	Introduit	0,491±0,237	0,94	0,348
		Sauvage	0,545±0,218		
	Surface foliaire (cm²)	Introduit	182,7±58,2	2,11	0,039
		Sauvage	154,3±49,2		
	Biomasse foliaire (mgMS/f)	Introduit	2,92±1,31	0,63	0,534
		Sauvage	3,12±1,15		
Année 3	Diamètre pétiole (cm)	Introduit	0,46±0,13	2,36	0,022
		Sauvage	0,53±0,12		
	Longueur pétiole (cm)	Introduit	29,3±14,2	1,63	0,107
		Sauvage	35,6±16,7		
	Nombre de feuilles	Introduit	1,656±0,865	1,35	0,182
		Sauvage	1,938±0,801		
	Nombre de rejets	Introduit	1,06±1,05	0,25	0,806
		Sauvage	1±0,984		
	Hauteur (cm)	Introduit	0,618±0,276	2,40	0,20
		Sauvage	0,820±0,390		
	Surface foliaire (cm²)	Introduit	136,3±54,4	0,86	0,396
		Sauvage	125,7±44,5		
	Biomasse foliaire (mgMS/f)	Introduit	2,64±1,28	0,75	0,456
		Sauvage	2,89±1,42		

6.4 Discussion

Au terme des trois années de suivi, les résultats indiquent qu'il n'y a pas de différence significative entre les deux types de plants quelle que soit l'espèce. Cependant, à la première année, on a noté une différence de croissance entre les plants pour trois paramètres (longueur du pétiole, nombre de feuilles et de rejets émis). Les différences significatives observées au niveau de ces paramètres de croissance à la première année pourraient se justifier par le fait que les plants introduits ont été stressés par les nouvelles conditions écologiques qui caractérisent le milieu naturel. En effet, en les privant des conditions de pépinière où ils étaient régulièrement arrosés, ces jeunes plants se retrouvent dans les conditions naturelles où ils doivent s'acclimater. Il y a donc réduction du métabolisme ; ce qui signifie que le jeune plant, pendant un certain temps, utilise ses réserves pour son fonctionnement, en entendant que les racines puissent puiser l'eau et les éléments minéraux dans le sol. Par conséquent, durant ces 12 premiers mois, toutes les activités métaboliques de ces plants auraient servi à leur maintien en vie ou à leur adaptation aux nouvelles conditions du milieu plutôt que vers la production d'organe.

En ce qui concerne la grande variabilité de la surface foliaire de *Eremospatha macrocarpa*, elle serait liée à la phénologie de cette espèce. En effet, selon Uhl et Dransfield (1987), Sunderland (2001b) et Kouassi *et al.* (2005) les feuilles des espèces du genre *Eremospatha* sont caractérisées par un grand polymorphisme foliaire du stade juvénile jusqu'au stade adulte. Cette variation morphologique serait donc la cause de la variation de la surface foliaire.

Chez les deux espèces, nous avons eu des taux de mortalité assez faibles. Ce pourcentage de viabilité assez élevé serait favorisé par l'âge et la taille des jeunes plants au moment de leur plantation. Renuka et Rao (1996) et Siebert (2000) ont obtenu des pourcentages de viabilité similaires sur des plants introduits âgés de 12 à 16 mois et dont les tailles avoisinaient 0,5 m de hauteur. Selon Bacilieri *et al.* (1998), les pourcentages de viabilité notés chez trois espèces de *Calamus* (*Calamus manan*, *C. subinermis* et *C. caesius* Blume), dans un programme de sylviculture, sont assez faibles avec les plants âgés de six et de 24 mois. Cependant, les meilleures performances de croissance ont été obtenues avec les plants de 12 mois. Il ressort donc de ces résultats que le succès d'une acclimatation et d'une bonne croissance sont étroitement liées à l'âge et à la vigueur des plants au moment de la plantation.

Le nombre moyen de feuilles émises par an par les deux types de plants de *Laccosperma secundiflorum* est de 2,6. Ce nombre est similaire à celui de 2,5 feuilles/an obtenu par Siebert (2000) sur *Calamus zollingeri* Becc. Quant à *Eremospatha macrocarpa*, ce nombre moyen est de 1,65 et 1,93, respectivement pour les jeunes plants introduits et sauvages. La faible émission de feuille justifie la faible croissance en hauteur de cette espèce. En effet, *E. macrocarpa* est une espèce assez exigeante en lumière. L'introduction de ses plants sous la canopée des arbres les a privés d'une intensité de lumière adéquate à leur plein épanouissement.

Par ailleurs, après le rétablissement des plants introduits pendant les 12 premiers mois, la croissance entre les plants introduits et sauvages, quelle que soit l'espèce, est presque identique. Cette similarité de croissance se traduit par les différences non significatives observées au niveau de l'ensemble des paramètres de croissance au cours de la deuxième et la troisième année.

Conclusion générale et Perspectives

Conclusion générale et Perspectives

Les rotins sont les Produits Forestiers Non Ligneux qui représentent le principal moteur économique de certaines populations. Tout comme leurs parents d'Asie, les rotins africains font partie intégrante des stratégies de subsistance de nombreuses populations rurales et urbaines (Zoro Bi & Kouakou, 2004a; Sunderland, 2005). À travers le monde, des millions de personnes travaillent dans le secteur manufacturier et plusieurs centaines de milliers sont impliquées dans la collecte et la transformation primaire. Les rotins qui abondaient jadis dans les forêts d'Asie et d'Afrique, se font rares dans de nombreux pays aujourd'hui en raison, essentiellement, de la surexploitation et de l'amenuisement des superficies forestières (Renuka, 2001). La régénération naturelle qui jusque là assurait la reproduction des rotins parait inadéquate car incapable de couvrir les fortes demandes sur le marché local et mondial.

Dans ce travail, nous avons entrepris, à travers divers axes, de rechercher différentes stratégies d'optimisation de la production de jeunes plants des espèces *Laccosperma secundiflorum* et *Eremospatha macrocarpa* dans les perspectives d'une sylviculture de ces deux espèces élites. Trois techniques ont été étudiées. Nous avons analysé la faisabilité d'une technique de multiplication végétative ou l'éclatement de souche, étudié quelques techniques d'amélioration du pouvoir germinatif des graines et investigué la culture tissulaire.

L'objectif de ces investigations était de rechercher pour chaque espèce, d'une part la nature des organes et les conditions optimales de multiplication végétative, les traitements efficients à l'amélioration du pouvoir germinatif des graines, et d'autre part, à identifier les types d'explants et des milieux de culture adéquats pour une production efficiente de jeunes plants.

L'étude de la multiplication en pépinière a révélé que contrairement aux rhizomes, les rejets peuvent se prêter à la multiplication végétative des deux espèces. Mais, le diamètre des organes a une forte influence sur la régénération. Les petits et moyens diamètres sont plus aptes à la multiplication végétative. Par ailleurs, le succès de cette multiplication dépend de la nature du dispositif. En effet, les dispositifs sous ombrière et sous serre se présentent comme les meilleures pépinières à la régénération. Cependant, l'association de rejet de petit diamètre-pépinière sous ombrière se présente comme le meilleur choix pour une optimisation de la multiplication végétative des espèces étudiées.

Il a été établi par Dransfield (2001) et Sunderland (2001a) que la croissance des rotins est étroitement liée à l'intensité de la lumière. Or, l'une des différences fondamentales entre les trois pépinières est l'intensité de lumière. Il nous parait donc important d'asseoir ces essais de multiplication dans différentes conditions abritant une intensité lumineuse quantifiable et croissante, afin de déterminer des conditions optimales à la multiplication végétative des deux espèces.

Les techniques d'amélioration du pouvoir germinatif des graines ont mis en évidence la présence de dormance tégumentaire et/ou embryonnaire chez les deux espèces étudiées. En effet, les traitements utilisant les graines scarifiées et imbibées dans du GA_3 ont présenté les meilleurs pourcentages de germination chez les deux espèces. Le trempage des graines pendant 4 jours dans des solutions de KNO_3 améliore significativement le pouvoir germinatif des graines de *L. secundiflorum*. Cependant, pour cette dernière, la scarification des graines provoque la fonte des semis et de ce fait entraine une réduction du pourcentage de graines germées. Par ailleurs, Ces traitements, quoiqu'ayant amélioré significativement le pourcentage de germination des graines par rapport au graines non traitées chez les deux espèces, n'ont pu améliorer leur vitesse de germination.

Comparée à la multiplication végétative, la technique visant l'amélioration du pouvoir germinatif des graines semble la mieux adaptée à nos objectifs de production de jeunes plants. En effet, hormis la conformité des régénérants et le coût de production assez abordable, la première technique présente des difficultés dans le prélèvement des organes, lequel prélèvement peut constituer une menace d'extinction de la plante mère. À cela, il faut ajouter le pourcentage de mortalité assez élevé des organes bouturés. Mise à part le problème de disponibilité des graines, les techniques de scarification suivie de l'imbibition des graines dans de la gibbérelline qui favorisent la germination de 94 à 96% des graines semées pourraient contribuer efficacement à la production abondante de jeunes plants de rotin.

L'une des techniques explorées et qui n'a concerné que l'espèce *L. secundiflorum* est la micropropagation utilisant des jeunes feuilles, des bourgeons et des méristèmes axillaires. L'analyse des différents protocoles de désinfection des explants avant leur mise en culture a révélé que l'imbibition des explants dans une solution de chlorure de sodium à 3,6% pendant 30 mn suivi d'une immersion pendant 5 mn dans du chlorure de mercure à 0,01% est la technique qui aseptise plus de 94% des explants utilisés. Sur les trois organes utilisés, les explants foliaires se sont tous nécrosés sur le milieu d'initiation. Le meilleur milieu d'induction de pousses à partir des bourgeons et des méristèmes est le milieu de base MS avec vitamines modifié de 1 mg l^{-1} de BAP et 1 mg l^{-1} de ANA. Cependant, on a une optimisation de l'induction de pousses lorsque les explants sont initiés au préalable sur le même milieu de base modifié de 0,65 mg l^{-1} de BAP.

L'organogénèse à partir du collet des *vitro* plants issus de la germination des embryons excisés des graines des deux espèces a permis d'identifier la concentration 4 mg l^{-1} de BAP comme la concentration optimale de production. Cependant, l'importance du nombre de pousses produites dépend de l'espèce et du type d'auxine associé. Le nombre moyen le plus élevé de pousses par explant (5) a été obtenu avec la combinaison hormonale 4 mg l^{-1} de BAP et 1 mg l^{-1} d'AIB pour *Laccosperma secundiflorum*. En ce qui concerne *Eremospatha macrocarpa*, ce nombre moyen qui est de 3 pousses par explant est obtenu avec cette même concentration de BAP associée à 1 mg l^{-1} d'ANA.

La dernière partie de notre travail a été consacrée au suivi de la croissance des plantules introduites en milieu naturel par rapport aux plantules sauvages. L'étude comparée de la croissance des deux types de plantes a révélé que la croissance des plantes produites en pépinière et introduite en milieu naturel est similaire à celle des plantes sauvages. Le rétablissement des plantes introduites se fait durant les 12 premiers mois. Au-delà de cette période, la croissance entre les deux types de plantes n'est pas significativement différente. Il a été aussi noté un pourcentage de viabilité assez élevé au niveau des deux espèces.

À partir de l'ensemble des résultats obtenus dans ces travaux et des informations recueillies dans la littérature, les rotins peuvent être reproduits selon différentes voies (**Figure 30**). Quelques recommandations peuvent, cependant, être formulées pour une amélioration de la production de jeunes plants de rotin.

Au niveau de la multiplication végétative, différentes investigations pourraient porter sur l'étude de la nature du substrat dans lequel les organes sont ensemencés, la teneur en eau du substrat et le rythme d'arrosage.

En ce qui concerne la multiplication sexuée, les tests de germination pourraient porter sur des graines collectées à différentes périodes de maturité. En effet, le murissement des graines s'étalant sur la grande saison sèche, il est souhaitable d'effectuer les traitements sur les graines à maturation précoce, les graines à maturation tardive et les graines à maturation intermédiaire. En cas de disponibilité de graines, les tests de traitement devraient tenir compte de l'effet plante et de l'écologie. Aussi, afin de déterminer la nature exacte de la cause de dormance et les traitements adéquats, des études moléculaires au niveau embryonnaire seraient envisageables. La variation génétique concernant la germination des graines est présente entre les graines d'un même écotype ou entre les variétés cultivées de certaines plantes (Koornneef *et al.*, 2002). Il serait donc important de développer des locus marqueurs (QTL) des génotypes élites chez lesquels les caractéristiques technologiques sont avérées (Arora *et al.*, 2003; Preece, 2007).

Il serait important de suivre les jeunes plants régénérés en milieu naturel jusqu'à la récolte pour voir s'il n'y a pas de différence de la qualité technologique des cannes des plants introduits et les plants sauvages.

Former et initier les agents de gestionnaire des forêts aux nouvelles technologies de production à grande échelle de jeunes plants de rotins élites.

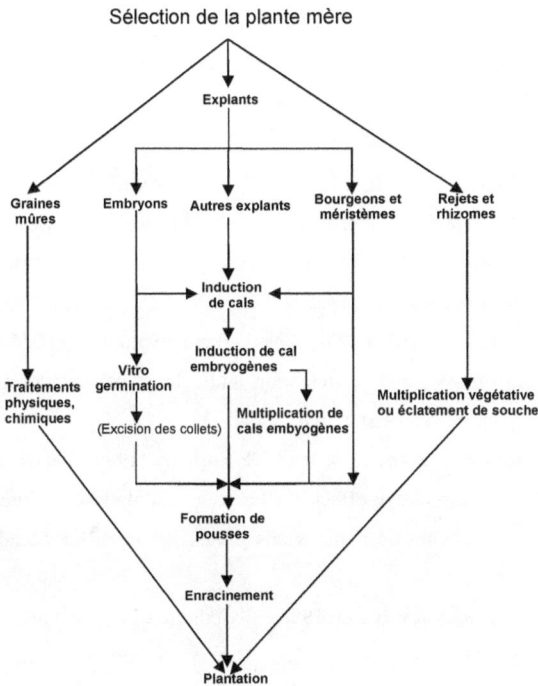

Figure 30. Différentes voies possibles de production de jeunes plants de rotin

Références bibliographiques

Abdallah BA (2000). *Recherche de nouvelles stratégies de multiplication du palmier dattier.* Thèse de Doctorat en science agronomique et ingénierie biologique. Belgique: Faculté Universitaire des Sciences Agronomiques de Gembloux; 191 pages.

Aké Assi L (1992). *Liste des plantes utiles aux populations de l'espace Taï, plan d'aménagement du Parc national de Taï.* Abidjan: PACPNT; 65 pages.

Aké Assi L (1997). *Inventaire floristique de quelques forêts classées de la région côtière du Sud-Ouest de la Côte d'Ivoire.* Abidjan (Côte d'Ivoire): SODEFOR-Union Européenne; 208 pages.

Ali ARM & Barizan RSR (2001). Cultiver le rotin en intercalaire avec des hévéas et d'autres cultures. *Unasylva* **52**: 9-10.

Ali ARM & Raja RSR (2001). Les principales espèces de rotin en malaisie. *Unasylva* **52**: 14-17.

Allen PS, Benech-Arnold RL, Batlla D & Bradford KJ (2007) Modelling of seed dormancy. *In*: Bradford KJ & Nonogaki H (Eds) *Seed development and germination.* California, USA: Blackwell, pp 72-106.

Aminuddin M, Supardi N, Noor MN & Ghani A (1991) Rattan growing under rubber in Peninsular Malaysia: status problem and prospects. *In*: Appanah S & Roslan (Eds) *Malaysian forestry and forest products research* Kepong, Malaysia: FRIM, pp 79-86.

Arnold VS (2007) Somatic embryogenesis. *In*: George EF, Hall MA & De Klerk G-J (Eds) *Plant propagation by tissue culture 3rd edition.* Netherlands: Springer, pp 235-254.

Arora R, Rowland LJ & Tanino K (2003). Induction and release of bud dormancy in woody perennials: a science comes of age. *HortScience* **38**: 911-921.

Azano Y, Katsumoto H, Inokuma C, Kaneko S, Ito Y & Fujiie A (1996). Cytokinine and thiamine requirements and stimulative effect of riboflavin and alpha-ketoglutaric acid on embryogenis callus induction from the seeds of *Zoysia japonica* Steud. *Plant phyiology* **149**: 413-417.

Bacilieri R, Maginjin P, Pajon P & Alloysius D (1998) Silviculture of rattans under logged-over forest *In*: Bacilieri R & Appanah S (Eds) *Rattan cultivation: Achievements, problems and prospects.* Malaysia: CIRAD, FRIM, pp 78-91.

Baker WJ, Dransfield J, Harley MM & Bruneau A (1999) Morphology and cladistic analysis of sub-family Calamoideae (Palmeae). *In*: Handerson A & Borchsenius F

(Eds) *Evolution, variation and classification of palms*. New York: Memoirs of the New York Botanical Garden, pp 307-324.

Baskin JM & Baskin CC (2004). A classification system for seed dormancy. *Seed Science Research* **14**: 1-16.

Beauchesne G (1984) L'historique et les fondements de la culture *in vitro*. *La culture in vitro et ses applications horticoles*. Paris: Maison neuve et Larose, pp 56-62.

Beauchesne G (1988) La culture *in vitro* du palmier dattier. *CR 1er groupe de travail sur la multiplication du palmier dattier par les techniques de culture in vitro*. Lebanon: Al Watan Press, pp 15-16.

Beena MR, Martin KP, Kirti PB & Hariharan M (2003). Rapid *in vitro* propagation of medicinally important *Ceropegia candelabrum*. *Plant Cell, Tissue and Organ Culture* **72**: 285-289.

Belcher B (2001). Rattan cultivation and livelihoods: the changing scenario in Kalimantan. *Unasylva* **52**: 27-34.

Bewley JD (1997). Seed germination and dormancy. *The Plant cell* **9**: 1055-1066.

Bewley JD (2003) Seeds of hope; seeds of conflict. *In*: Nicolas G, Bradford KJ, Côme D & Pritchard HW (Eds) *The biology of seeds, recent research advances*. Canada: CABI Publishing, pp 1-10.

Bewley JD & Black M (1994) Seeds: physiology of development and germination. New York: Plenum Press, pp 201-223.

Bingshan Z, Hungacan X, Ying L, Guangtian Y & Zhenfei Q (2000) Tissue culture for mass propagation and conservation of rattans. Chine, p http://www.bioversityinternational.org/publications/Web_version/576/ch522.htm.

Bogh A (1996). Abundance and growth of rattans in Khao Chong National Park, Thailand. *Forest Ecology and Management* **84**: 71-80.

Bradbeer JW (1988). *Seed dormancy and germination*. New York: Blackie; 136 pages.

Chee PP (1995). Stimulation of adventitious rooting of *Taxus* species by thiamine. *Plant cell report* **14**: 753-757.

Chuthamas P, Prutpongse P, Vongkaluang I & Tantiwiwat S (1989) *In vitro* culture of immature embryos of *Calamus manan* Miq. *In*: Rao AN & Vongkaluang I (Eds) *recent research on rattan*. Thailand: Faculty of Forestery, Kasetsart University, Thailand and International Development Research Centre, Canada, pp 144-147.

Dagnélie P (1998). *Statistique théorie et appliquée*. Bruxelles, Belgique: De Boeck, Larcier; 659 pages.

Daguin F & Letouze R (1988). Regeneration of Date Palm (*Phoenix dactylifera* L.) by somatic embryogenesis: improved effectiveness by dipping in a stirred liquid medium. *Fruits* **43** : 191-194.

Debeaujon ID, Lepiniec L, Pourcel L & Routaboul J-M (2007) Seed coat development and germination. *In*: Bradford KJ & Nonogaki H (Eds) *Seed development, dormancy and germination*. California, USA: Blackwell, pp 25-49.

Defo L (1999) Rotin ou porc-épic: les avantages et les inconvénients de la conservation d'un produit forestier non ligneux de valeur élevée au Cameroun, dans la région de Yaoundé. *In*: Sunderland TCH, Clark LE & Vantomme P (Eds) *Produits forestiers non ligneux en Afrique Centrale: recherches actuelles et perspectives pour la conservation et le développement*. Rome: FAO, pp 253-260.

Defo L & Trefon T (2002) Le transfert de connaissance dans le cadre de la gestion conservatoire des produits forestiers non ligneux. Les atouts et les contraintes socio-économiques potentiels à l'introduction des *rotangs* dans les systèmes de culture du Cameroun forestier. *In*: Sunderland TCH & Profizi JP (Eds) *Nouvelles recherches sur les rotins africains*. Cameroun: Jardin Botanique de Limbe, pp 54-75.

Delanoy M, Damme PV, Scheldeman X & Beltran J (2006). Germination of *Passiflora mollissima* (kunth) L.H. Bailey, *Passiflora tricuspis* Mast. and *Passiflora nov* sp. seeds. *Scientia Horticulturae* **110**: 198-203.

Dewitte W & Murray AH (2003). The plant cell cycle. *Annual Review of Plant Physiology* **54**: 235-264.

Djerbi M (1991). Biotechnologie du Palmier dattier (*Phoenix dactylifera* L.): voies de propagation des clones résistants au bayoud et de haute qualité dattière. *Options Méditerranéennes* **14**: 31-38.

Dransfield J (1979) General morphology of rattans. *In*: Dransfield J (Ed) *A manual of the rattans of the Malay Peninsula*. Malaysia: Forest Department, Ministry of Primary Industries, pp 6-16.

Dransfield J (1981) The biology of asiatic rattans in relation to the rattan trade and conservation. *In*: Synge H (Ed) *The biological aspects of rare plant conservation*. New York: Wiley and Sons, pp 179-186.

Dransfield J (1988) Prospects for rattan cultivation. *In*: Balick MJ (Ed) *The palm tree of life: biology, utilisation and conservation*. Kew: Advances in Economic Botany, pp 190-200.

Dransfield J (**1992**) The ecology and natural history of rattans. *In*: Mohd WRW (Ed) *A guide to the cultivation of rattan* Malaysia: Forest Research Institute, pp 27-33.

Dransfield J (**1996**) The rattan taxonomy and ecology. *In*: Rao AN & Rao VR (Eds) *Rattan-taxonomy, ecology, sylviculture, conservation, genetic improvement and biotechnology.* Sarawak, Sabah: IPGRI, INBAR, pp 1-14.

Dransfield J (**2001**). Taxonomie, biologie et écologie du rotin. *Unasylva* **52**: 11-13

Dransfield J & Manokaran N (**1993**). *Plant resources of South-East Asia.* Wageningen: Pudoc Scientific Publishers; 131 pages.

Duval Y, Engelmann F & Duran-Casselin T (**1995**) Somatic embryogenesis on oil palm (*Elaeis guineensis* Jacq.). *In*: Bajaj Y (Ed) *Somatic embryogenesis and synthetic seed I, Biotechnology in agriculture and forestry.* Berlin: Springer Verlag, pp 335-352.

Ellis RH & Hong TD (**1996**). *A protocol to determine seed storage behaviour.* Rome: IPGRI; 27 pages.

Ellis RH, Hong TD & Robert EH (**1990**). An intermediate category of seed storage behaviour. *Journal of Experimental Botany* **41**: 1167-1174.

Ellis RH, Hong TD & Roberts EH (**1987**). The development of desiccation-tolerance and maximum seed quality during seed maturation in six grains legumes. *Annals of Botany* **59**: 23-29.

Evans T (**2001**). Développement de la culture du rotang, pour l'exploitation de ses pousses comestibles, en république démocratique populaire de Laos. *Unasylva* **52** : 27-35.

Falconer J (**1993**). *Non-timber forest products in southern Ghana.* Accra (Ghana): ODA, Forest Department; 244 pages.

FAO (**2008**). Ressources génétiques forestières: guide du matériel forestier de reproduction. FAO, p http://www.fao.org/forestry/4736/fr/.

Feurtado JA & Kermode AR (**2007**) A merging of paths: abscisic and hormonal cross-talk in control of seed dormancy maintenance and alleviation. *In*: Bradford KJ & Nonogaki H (Eds) *Seed development, dormancy and germination.* USA: Blackwell Publishing, pp 177-223.

Finch-Savage WE, Bergervoet JHW, Bino RJ, Clay HA & Groot SPC (**1998**). Nuclear replication activity during seed-dormancy breakage and germination in the three tree species: Norway maple (*Acer platanoides* L.), sycamore (*Acer pseudoplatanus* L.) and cherry (*Prunus avium* L.) *Annals of Botany* **81**: 519–526.

Finch-Savage WE & Leubner-Mertzger G (**2006**). Seed dormancy and the control of germination. *Transley Review* **171**: 501-523.

Fletcher JC (2002). Shoot and floral meristem maintenance in arabidopsis *Annual Review of Plant Biology* **53**: 45-66.

Gahan PB & George EF (2007) Adventitious regeneration. *In*: George EF, Hall MA & De Klerk G-J (Eds) *Plant propagation by tissue culture 3rd edition*. Netherlands: Springer, pp 355-403.

Gamborg OL, Miller RA & Ojima K (1968). Nutrient requirements of suspension cultures of soybean root cells. *Experience cell report* **50**: 125-128.

George EF (1996). *Plant propagation by tissue culture*. England: Exegetics Ltd, Sdington, Wilts, BA13 4QG; 1361 pages.

George EF (2007) Plant tissue culture-background. *In*: George EF, Hall MA & De Klerk G-J (Eds) *Plant propagation by tissue culture 3rd edition*. Netherlands: Springer, pp 1-29.

George EF & De Klerk G-J (2007) The components of plant tissue culture media I: macro- and micro-nutrients. *In*: George EF, Hall MA & Klerk D (Eds) *Plant propagation by tussue culture 3rd edition*. Netherlands: Springer, pp 65-114.

Given DR (1994). *Principles and practice of plant conservation*. UK, London: Chapman and Hall; 292 pages.

Goh DKS, Alliotti F, Ferriere NM & Monteuuis O (2001a). Somatic embryogenesis in three rattan species of major economic value. *Bois et Forêts des Tropiques* **267** (1): 83-89.

Goh DKS, Bon M-C, Alliotti F, Escoute J, Ferriere NM & Monteuuis O (2001b). *In vitro* somatic embryogenesis in two major rattan species: *Calamus merrillii* and *Calamus subinermis*. *In vitro Cell Development Biology-Plant* **37**: 375-381.

Goh DKS, Bon M-C & Monteuuis O (1997a). Intérêt des biotechnologies pour l'amélioration des rotins. *Bois et Forêts des Tropiques* **254** : 65-67.

Goh DKS, Bon M-C & Monteuuis O (1997b). Prospects of biotechnology for a rattan improvement programme. *Bois et Forêts des Tropiques* **254** : 51-64.

Gorenflot R (1986). *Biologie végétale, Plantes supérieures*, 2ème Ed. Paris: Masson; 238 pages.

Gracie AJ, Brown PH, Burgess RJ & Clarck RJ (2000). Rhizome dormancy and shoot growth in myoga (*Zingiber mioga* Roscoe). *Scientia Horticulturae* **84**: 27-36.

Guillaumet JL & Adjanohoun E (1971) La végétation de la Côte d'Ivoire. *In*: Avenard JME, E; Sircoulou, E; Touche-Beuf, J; Adjanohoun, J. L; Perraud, A (Ed) *Le milieu naturel de la Côte d'Ivoire*. Paris: ORSTOM, pp 161-262.

Gunawan LW (1995) Rattan (*Calamus* spp). *In*: Bajaj Y (Ed) *Biotechnology in Agriculture and Forestry 16*. New York: Trees III, pp 211-220.

Haridasan K (1997) The sylviculture scenario of canes in North Eastern India with reference to Arunachal Praesh. *In*: Rao AN & Rao VR (Eds) *Rattan - taxonomy, ecology, silviculture, conservation, genetic improvement and biotechnology*. Sarawak, Sabah: State Forest Institute, pp 199 - 2002

Hazarika BN (2003). Acclimatization of tissue-cultured plants. *Current Science* **85** : 1704-1712.

Kintzios S, Stavropopoulou ER & Skamneli S (2004). Accumulation of selected macronutrients and carbohydrates in melon tissue cultures: association with pathways of *in vitro* dedifferentiation and differentiation (organogenesis, somatic embryogenesis). *Plant Science* **167**: 655-664.

Koornneef M, Bentsink L & Hihorst H (2002). Seed dormancy and germination. *Current Opinion in Plant Biology* **5**: 33-36.

Kouakou LK, Zoro Bi IA, Kouakou TH, Mogomakè K & Baudoin JP (2009a). Direct regeneration of rattan seedlings from apical meristem and axillary bud explants. *Belgian Journal of Botany* **142**: 60-67.

Kouakou LK, Zoro Bi IA, Abessika YK, Kouakou TH & Baudoin JP (2009b). Rapid seedlings regeneration from seeds and vegetative propagation with sucker and rhizome of *Eremospatha macrocarpa* (Mann & Wendl.) Wendl and *Laccosperma secundiflorum* (P. Beauv.) Kuntze. *Scientia Horticulturae* **120**: 257-263.

Kouakou LK, Zoro Bi IA & Baudoin JP (2008) Development of techniques for rapid production of rattan seedlings. *First Symposium on Horticulture in Europe*. Vienna (Austria): European National Horticultural Societies and the International Society for Horticultural Science, p 308.

Kouassi KE (2007). *Flore de la forêt classée de la Haute Dodo, Sud-Ouest de la Côte d'Ivoire. Etude de quelques espèces commercialisées: cas de Garcinia afzelii (Clusiaceae), des rotins (Palmier lianes) des genres Calamus, Eremospatha et Laccosperma (Arecaceae)*. Thèse de Doctorat Unique Abidjan: Université de Cocody; 152 pages.

Kouassi KE, Kouadio K, Kouamé NF & Traoré D (2005). Polymorphisme foliaire des espèces de rotin de la Forêt Classée de la Haute Dodo (Côte d'Ivoire). *Revue Ivoirienne des Sciences et Technologie* **6**: 259-279.

Letouzey R (1982). *Manuel de botanique forestière, Afrique tropicale.* Nogent: Centre Technique Forestier Tropical; 458 pages.

Lewis DH (1980). Boron, lignification and the origin of vascular plants - a unified hypothesis. *New Phytologist* **84**: 209-229.

Manokaran N (1978). Germination of fresh seeds of malaysian rattans. *The Malaysian Forester* **41** : 319-345.

Matchakova I, Zazimalova E & George EF (2007) Plant growth regulators I: introduction; auxins, their analogues and inhibitors. *In*: George EF, Hall MA & Klerk D (Eds) *Plant propagation by tissue culture 3rd edition.* Netherlands: Springer, pp 175-2004.

Mathew A & Bhat KM (1997). Anatomical diversity of indian rattan palms (Calamoideae) in relation to biogeography and systematic. *Botanical Journal of the Linnean Society* **125**: 71-86.

Mazliak P (1982). *Croissance et développement,* Collection Méthodes Ed. Paris: Hermann; 465 pages.

Minitab (2000). *Minitab statistical software.* Sales (USA): Minitab Inc;

Moore HE (1971). Wednesdays in Africa. *Principes* **15**: 111-119.

Moore HE & Uhl NW (1982). Major trends in the evolution of palms. *Botany revue* **48**: 1-69.

Morat P & Lowry PP (1997). Floristic richness in the Africa-Madagascar region; a brief history and perspective. *Adansonia series* **19** : 101-115.

Mori T & Rahman ZBHA (1980). Germination and storage of rotan manau (*Calamus manan*) seeds. *The Malaysian Forester* **43** : 44-55.

Moshkov IE, Novikova GV, Hall MA & George EF (2007) Plant growth regulators III: gibberellins, ethylene, abscisic acid, their analogues and inhibitors; miscellaneous compounds. *In*: George EF, Hall MA & Klerk D (Eds) *Plant propagation and tissue culture 3rd edition.* Netherlands: Springer, pp 227-282.

Mulung BK (1992). Tissue culture technique studies experiment with two rattan species. *Klinkii* **4** (4): 11-19.

Nasi R & Monteuuis O (1992). Un nouveau programme de recherche au Sabah: le rotin. *Bois et Forêts des Tropiques* **232** : 15-25.

Nonogaki H, Chen F & Bradford KJ (2007) Mechanisms and genes involved in germination *sensu stricto*. *In*: Bradford KJ & Nonogaki H (Eds) *Seed development, dormancy and germination.* California, USA: Blackwell, pp 264-295.

Normah MN, Ramiya SD & Gintangga M (1997) Desiccation sensitivity of recalcitrant seeds: a study on tropical fruit species. *In*: Black M (Ed) *Seed Science Research*. London: IPGRI, pp 179-183.

Orozco-Segovia A, Batis AI, Rojas-Arechiga M & Mendoza A (2003). Seed biology of palms: a review. *Palm* **47** : 79-94.

Oteng-Amoako A & Obiri-Darko B (2002) Rattan as sustainable industry in Africa: the need for technological interventions. *In*: Dransfield J., Tesoro F.O. & Manokaran N. (Eds) *Rattan current research issues and prospects for conservation and sustainable development*. Rome (Italy): FAO-INBAR-SIDA, pp 89-100.

Ouedraogo SJ (1988). La multiplication végétative de *Faidherbia albida*, évolution comparée des parties souterraines et aériennes de plants issus de semis et de bouturage. *Bois et Forêts des Tropiques* **237**: 31-44.

Padmanadhan D & Ilangovan R (1989). Studies on embryo culture in *Calamus rotang* Linn. *RIC Bulletin* **8** : 5-9.

Padmanadhan D & Sudhersan C (1989) Laminoids in leaf cultures of rattan palm. *In*: Rao AN & Vongkaluang I (Eds) *Recent research on rattan*. Thailand: Faculty of Forestery, Kasetsart University, Thailand and International Development Research Centre, Canada, pp 148-151.

Pammenter NW & Berjak P (2000). Evolutionary and ecological aspects of recalcitrant seed biology. *Seed Science Research* **10**: 301-306.

Paranjothy K (1993) Tissue culture of Palms. *In*: Andover & Hampshire UK (Eds) *Plant biotechnology: commercial prospects and problems*. Royaume-Uni: Palm Oil Research Institute of Malaysian, pp 73-83.

Patena FL, Mercado MMS & Barba RC (1984). Rapid Propagation of rattan (*Calamus manillensis* H. Wendl.) by tissue culture. *Philippian Journal of Crop Science* **9** : 217-218.

Peredo EL, Revilla MA & Arroyo-Garcia (2006). Assessment of genetic and epigenetic variation in hop plant regenerated from sequential subcultures of organogenic calli. *Journal of Plant Physiology* **163**: 1071-1079.

Pollard AS, Parr AJ & Loughman CL (1977). Boron in relation to membrane function in higher plants. *Journal of Experimental Botany* **28**: 831-841.

Preece J (2007) Stock plant physiological factors affecting growth and morphogenesis. *In*: George EF, Hall MA & De Klerk G-J (Eds) *Plant propagation by tissue culture 3rd edition*. Netherland: Springer, pp 403-422.

Profizi JP (1999) La gestion des ressources forestières par la population locale et le gouvernement gabonais. *In*: Sunderland TCH, Clark LE & Vantomme P (Eds) *Les produits forestiers non ligneux en Afrique Centrale: recherches actuelles et perspectives pour la conservation et le développement*. Rome: FAO, pp 141-151.

Rajesh MK, Karun A & Partharanthy VA (2003). Plant regeneration from embryo-derived callus of oil palm the effect of exogenous polyamines. *Plant Cell Tissue and Organ Culture* **75**: 41-47.

Rehman S & Park I-H (2000). Effect of scarification, GA and chilling on the germination of goldenrain-tree (*Koelreuteria paniculata* Laxm.) seeds. *Scientia Horticulturae* **85**: 319-324.

Renuka C (2001). Uses of rattan in South Asia. *Unasylva* **52** : 7-9.

Renuka C & Rao AN (1996) Nursery practices for rattan in the Luason Forestry Centre, Sabah. *In*: Rao AN & Ramantha RV (Eds) *Rattan taxonomy, ecology, sylviculture, conservation, genetic improvement and biotechnology*. Malaysia: IPGRI-APO, pp 237-239.

Rival A, Aberleng-bertossi F, Beule T, Morcillo F, Richand F, Tregean J, Verdeil JL, Durand-Gasselin T, Konan EK, Duval Y & Kouamé B (1998). Multiplication clonale du palmier à huile par embryogénèse somatique. *Cahiers Agricultures* **7**: 492-498.

Robert EH (1973). Predicting the storage life of seeds. *Seed Science and Technolology* **63**: 53-63.

Robert EH & King MW (1980) Storage of recalcitrant seeds *In*: Withers LA, Willams, J. T (Eds) *Crop Genetic Ressources-The conservation of difficult material*. University of Reading, UK, pp 39-48.

SAS (1999). *SAS/ETS User's guide*. Cary: SAS Inst

Sastry CB (2001). Rattan in the twenty - first century - an overview. *Unasylva* **52**: 3-7.

Schenk RU & Hilderbrandt AC (1972). Medium and techniques for induction and growth of monocotylodonous plant cell culture. *Canadian Journal of Botany* **50**: 199-204.

Schmidt L (2000). *Guide to handing of tropical and subtropical forest seed*. Danmark: Danida Forest Seed Centre; 511 pages.

Schmitt U, Weiner G & Liese W (1995). The fine structure of the stegmata in *Calamus axillaris* during maturation. *IAWA Journal* **16** : 61-68.

Sengdala K & Evans T (1999) Rattan cultivation in Lao PDR: achievements, problems and prospects. *In*: Bracilieri R & Appanah S (Eds) *Rattan cultivation: achievements, problems and prospects*. Kuala Lumpur, Malaysia: CIRAD, FRIM, pp 210 - 216.

Shantha M & Ramanayake SD (1999). Viability of excised embryos, shoot proliferation and *in vitro* flowering in a species of rattan *Calamus thwaitesii* Becc. *Journal of Horticultural Science & Biotechnology* **74** : 594-601.

Shepley S, Chen C, Judy L & Chang L (1972). Does gibberellic acid stimulate seeds germination via amylase synthesis? *Plant Physiology* **49**: 441-442.

Siebert S (2005). The abundance and distribution of rattan over an elevation gradient in Sulawesi. *Forest Ecology and Management* **210**: 143-158

Siebert SF (1990) Biology, utilization and sylvicultural management of rattan palms. *In*: Putz F.E. & Mooney H.A. (Eds) *The biology of vines*. USA: Cambridge University Press, pp 478-471.

Siebert SF (1993). The abundance and site preference of rattan (*Calamus exilis* and *Calamus zollingeri)* in two Indonesian national parks. *Forest Ecology and Management* **59**: 105-113.

Siebert SF (2000). Survival and growth of rattan intercropped with coffee and cacoa in the agroforests of Indonesia. *Agroforestry Systems* **50**: 95-102

Skoog F (1944). Growth and organ formation in tobacco tissue culture. *American Journal of Botany* **31**: 19-24.

SODEFOR (1998). *Plant d'aménagement de la forêt classée de N'zodji.* Abidjan (Côte d'Ivoire): SODEFOR; 45 pages.

Soulé ME (1985). What is conservation biology? *Bioscience* **35**: 727-734.

Staden JV, Zazimalova E & George EF (2007) Plant growth regulator II: cytokinins, their analogues and antagonists. *In*: Georges EF, Michael AH & De Klerk G-J (Eds) *Plant propagation by tissue culture*. United Kingdom: Springer, pp 205-226.

Sunderland TCH (1999) Recent research into Africa rattans (Palmae): A valuable non-wood forest product from the forests of Central Africa. *In*: Sunderland TCH, Clark, L. E, Vantomme, P (Ed) *Non-wood forest products of Central Africa: Current research issues and prospects for conservation and development*. Rome: FAO, pp 87-98.

Sunderland TCH (2000) The rattans of West and Central Africa: an overview. *In*: Sunderland TCH, Profizi, J-P (Ed) *New research on African rattans*. Cameroun: INBAR, pp 5-16.

114

Sunderland TCH (2001a). Rattan resources and use in West and central Africa. *Unasylva* **205**: 18-24.

Sunderland TCH (2001b). *The taxonomy, ecology and utilisation of African rattans (Palmae: Calamoideae)*. Doctor of Phylosophy (PhD). London: University College London; 357 pages.

Sunderland TCH (2004) The rattan sector of Rio Muni, Equatorial Guinea. *In*: Sunderland TCH (Ed) *Forest products livelihoods and conservation, case studies of non timber forest product systems*. Indenosia: CIFOR, pp 276-290.

Sunderland TCH (2005). *A field guide to the rattan palm of Africa*. Kew: Royal Botanic Gardens, INBAR, CARPE; 58 pages.

Sunderland TCH, Balinga MPB & Groves JL (2002). The cane bridges of the takamanda region, Cameroun. *Palms* **46** : 93-95.

Sunderland TCH, Beligné V, Bonnéhin L, Ebanyenle E, Oteng-Amoako A & Zouzou E-J (2004) Taxonomy, population dynamics and utilisation of the rattan palms of the Upper Guinea forests of West Africa. *In*: Bongers FP, D., Traoré, D. (Ed) *Forest climbers of West Africa, diversity, ecology and management*. UK: CAB International, pp 143 -162.

Sunderland TCH & Obama C (1999) A preliminary market survey of the non-wood forest products of Equatorial Guinea. *In*: Sunderland TCH, Clark LE & Vantomme P (Eds) *The non-wood forest product of Central Africa: current research issues and prospects for conservation and development*. Rome: FAO, pp 211-220.

Thomas J, Kumar RR & Mandal AKA (2006). Metabolite profiling and characterization of somaclonal variants in tea (*Camellia* spp.) for identifying and quality accession. *Phytochemistry* **67**: 1136-1142.

Thorpe T, Stasolla C, Yeung EC, De Klerk G-J, Robert A & George EF (2007) The components of plant tissue culture media II: organic additions, osmotic and pH effets, and support systems. *In*: George EF, Hall MA & De Klerk G-J (Eds) *Plant propagation by tissue culture 3rd edition*. Netherlands: Springer, pp 115-174.

Tisserat B (1982). Factors involved in the production of plantlets from date palm callus cultures. *Euphytica* **31**: 201-214.

Tomlinson PB (1990). *The structural biology of palms*. Oxford: Clarendon Press; 477 pages.

Tra Bi FH (1997). *Utilisation des plantes par l'homme dans les forêts classées du Haut Sassandra et de Scio*. Thèse de doctorat de 3ème cycle en Ethnobotanique. Abidjan: Université de Cocody (Côte d'Ivoire); 215 pages.

Uhl NW & Dransfield J (**1987**). *Genera palmarum: a classification of palms based on the work of H.E. Moore, L.H Bailey Hortorium and the international Palm society*. United States: Allen Press, Lawrence, Kansas; 610 pages.

Umali-Garcia M (**1985**) Tissue culture of some rattans species. *In*: Wong KM & Manokaran N (Eds) *proceedings of the rattan seminar*. Malaysia: The Rattan Information Centre and Forest Research Institute Malaysian, pp 23-32.

Unchi S (**1998**) Rattan inventory, harvesting and trade in Sabah. *In*: Bacilieri R & Appanah S (Eds) *Rattan cultivation: achievements, problems and prospect*. Malaysia: FRIM, CIRAD, pp 163-166.

Wang HC, Chen JT, Wu SP, Lin MC & Chang WC (**2003**). Plant regeneration through shoot formation from callus of *Areca catechu*. *Plant Cell Tissue and Organ Culture* **75**: 95-98

Watanabe N & Suzuki E (**2008**). Species diversity, abundance, and vertical size structure of rattans in Borneo and Java. *Biodiversity conservation* **17**: 523-538.

Weiner G & Liese W (**1994**). Anatomische untersuchungen an westafrikanischen ratanpalmen (Calamoideae). *Flora* **14**: 351-371.

White F (**1986**). *La végétation de l'Afrique*. Paris: ORSTOM-UNESCO; 384 pages.

Whittigton WJ (**1959**). The role of boron in plant growth: the effect on growth of the radicle. *Journal of Experimental Botany* **10**: 93-103.

Wuidart W & Corrado F (**1990**). Germination des graines de palmier à huile (*Elaeis guineensis*) en sac de polyéthylène. Méthode par "chaleur sèche". *Oléagineux* **45**: 511-514.

Yang Q-H, Ye W-H & Yin X-Y (**2007**). Dormancy and germination of *Areca triandra* seeds. *Scientia Horticulturae* **113**: 107-111

Yusoff AM (**1989**) Shoot formation in *Calamus manan* under *in vitro*. *In*: Rao AN & Yusoff AM (Eds) *Proceedings of the seminar on tissue culture of forest species*. Kuala Lumpur, Malaysia: Forest Research Institute Malaysia, pp 45-49.

Yusoff AM & Manokaran N (**1985**) Seed and vegetative propagation of rattans. *In*: Wong KM & Manokaran N (Eds) *Proceeding of Rattan Seminar*. Kuala Lumpur, Malaysia: The Rattan Information and Forest Research Institute, pp 13-20.

Zhang WH & Tyerman SD (**1999**). Inhibition of water channels by $HgCl_2$ by intact wheat cell. *Plant Physiology* **120**: 849-856.

Ziv M & Chen J (2007) The anatomy and morphology of tissue culture plants. *In*: Georges EF, Michael AH & De Klerk G-J (Eds) *Plant propagation by tissue culture* United Kingdom, Springer, pp 465-479.

Zoro Bi IA & Kouakou LK (2004a). Etude de la filière rotin dans le district d'Abidjan (Sud Côte d'Ivoire). *Biotechnologie, Agronomie, Société et Environnement* **8**: 199-209.

Zoro Bi IA & Kouakou LK (2004b). Vegetative propagation methods adapted to two rattan species (*Laccosperma secundiflorum* and *L. laeve)*. *Tropicultura* **22**: 163-167.

Liste des genres et espèces cités

Areca catechu L. /81

A. triandra Roxb. /69

Calamus caesius Blume /98

C. deërratus G. Mann & H. Wendl /5, 6, 16

C. egregius Burret /33

C. heteroideus Bl. /28

C. javanensis Becc. /28

C. manan Miq. /7, 22, 37, 68, 81, 83, 98

C. manillensis Mart. /83

C. merrillii Becc. /72

C. palustris Griff. /22

C. scipionum Lour. /22

C. simplicifolius Wei /33

C. subinermis Wendl /74, 98

C. zollingeri Becc. /22, 99,

Ceropegia candelabrum L. /78

Corylus avellana L. /69

Daemonorops jenkinsiana /33

Elaeis guineensis Jacq. /28, 69

Eremospatha dransfieldii Sunderland /5

E. hookeri (G. Mann & H. Wendl), H. Wendl /5, 16

E. haullevilleana De Wild. /16

E. laurentii De Wild. /6

E. macrocarpa (G. Mann & H. Wendl.) /2, 5, 7, 9, 10, 11, 12, 14, 15, 16, 20, 37, 38, 39, 46, 48, 49, 50, 51, 52, 53, 54, 55, 56, 57, 58, 60, 61, 62, 63, 67, 68, 88, 89, 90, 93, 96, 97, 98, 99, 101, 103

Laccosperma laeve (P. Beauv) Küntze /5, 83, 84

L. opacum (P. Beauv) Küntze /5

L. robustum (Burr.) J. Dransf. /16

L. secundiflorum (P. Beauv.) Küntze /2, 5, 7, 8, 9 10, 11, 12, 14, 15, 16, 17, 20, 37, 38, 39, 42, 43, 44, 46, 47, 51, 52, 53, 54, 55, 56, 57, 58, 60, 64, 65, 66, 67, 68, 71, 72, 75, 77, 78, 79, 80, 82, 83, 84, 85, 86, 87, 88, 90, 93, 94, 95, 98, 101, 102, 103

Musanga cecropioïdes R. Br. /37

Panicum maximum Jacq. /40

Pueraria phaseoloides Rosb. /40

Lexique

Bouturage : consiste à couper un fragment (rameau ligneux ou herbacé, feuille, morceau de racine, etc.) d'une plante, et à le faire enraciner afin d'obtenir un nouveau pied.

Canne : est la tige de rotin robuste dépouillée de ses gaines foliaires

Cirre : vrille des plantes grimpantes

Culture *in vitro* : aussi appelé micropropagation est une technique visant à régénérer une plante entière à partir de cellules ou de tissus végétaux en milieu nutritif, en utilisant des techniques modernes de culture cellulaire.

Dormance: état de repos d'un organisme tout entier ou de ses propagules (graines, bourgeons), durant lequel le métabolisme fonctionne au ralenti.

Embryogenèse somatique : est une forme de multiplication végétative qui permet d'obtenir une multitude de plantules identiques génétiquement à la plante donneuse d'explants à partir de cellule différentiées.

Endémique: s'applique à une espèce d'une région ou d'un habitat lorsque sa distribution est limitée à cette région ou à cet habitat.

Flagelle : organe de suspension pourvu de crochets et d'épines utilisé par certaines lianes pour grimper.

Foliaire : Relatif aux feuilles.

Lobe : chaque division du limbe d'une feuille de palmier ou d'une feuille à limbe découpé.

Gaine : la partie de la feuille qui est rattachée à la tige.

Graine : organe dormant de nombreuses plantes, ovule fécondé entouré de substances de
réserve, qui, après dispersion et germination, donne une nouvelle plante.

Greffage : est une technique de multiplication végétative qui consiste à effectuer une greffe, c'est-à-dire à mettre un greffon issu d'une plante dans une autre plante qu'on appelle porte-greffe pour les qualités recherchées dans cette plante : les deux plantes doivent être de la même famille botanique

Hapaxanthie : est une forme de floraison unique qui se particularise par la production simultanée de fleurs, au niveau du méristème apical de la tige. Après la floraison et la fructification, la tige meurt.

Inflorescence : mode de groupement des fleurs sur une plante (Principaux types d'inflorescences : grappe, épi, ombelle, capitule, cyme, corymbe.).

Multiplication végétative : est un mode de multiplication asexuée. À la différence du semis qui donne de nouveaux spécimens (avec un nouveau patrimoine génétique), la multiplication végétative génère des clones. C'est un phénomène naturel souvent et depuis longtemps utilisé par l'homme pour cloner les végétaux (bouturage, marcottage, et plus récemment culture *in vitro* à partir d'explant).

Organogénèse : est la néoformation de bourgeons sur les tissus réactifs

Pépinière : est un lieu où l'on cultive de jeunes plants destinés à être transplantés.

Pléonanthie : est une forme de floraison multiple. Les espèces pléonanthiques fleurissent au niveau des méristèmes axillaires ou latéraux situés à l'aisselle des feuilles. Les plantes de ces espèces fructifient plusieurs fois dans leur vie.

Pousse : jet produit par un végétal ou une plante à son premier état de développement

Rhizome : est la tige souterraine à croissance horizontale dont les feuilles sont réduites à des écailles sur lesquelles apparaissent des bourgeons. Ce sont des structures pérennes qui comportent souvent des racines adventives.

Rejet : est une pousse vigoureuse qui se manifeste sur la ramure ou le bulbe d'une plante. C'est aussi une pousse qui se développe à partir d'une tige ou à partir d'une souche d'arbre coupé.

Rotin : est la tige du palmier rotang que l'on utilise pour fabriquer des sièges et autres objets d'arts. Le mot « rotin » vient du malais *rotang*, dont la signification littérale est palmier grimpant

Taxon: unité de référence en taxonomie. Ce peut être par exemple une famille, une espèce, un genre

***Vitro* germination** : technique visant à faire germer une graine ou un embryon en mulieu nutritif en utilisant les techniques modernes de culture cellulaire

***Vivo* germination** : technique visant à faire germer une graine sur un substrat ou dans du sol hors des techniques modernes de culture cellulaire

Annexes

Annexes

Annexes 1. Données relatives aux différents paramètres de croissance étudiés à la première année

E. macr	Long. Pétiole (cm)		Diam. Pétiole (mm)		Nb. feuille		Nb. rejet		Hauteur (cm)		Surf. foliaire (cm^2)	
Plantes	Intr	Sauv	Intr	Sauv	Intr	Sauv	Intr	Sauv	Intr	Sauv	Intr	Sauv
Pl1	42	33	5,07	3,04	2	4	0	1	0,58	0,79	222,71	137,39
Pl2	12	31	4,79	3,76	0	0	0	0	0,25	0,25	231,3	141,54
Pl3	10	45	5,57	5,8	2	2	0	1	0,42	0,42	189,25	176,19
Pl4	27	72	4,65	4,61	0	1	0	0	0,25	0,28	182,5	173,73
Pl5	10	24	5,05	2,76	2	2	0	0	0,52	0,32	186,06	179,07
Pl6	17	20	6,25	3,07	0	2	0	0	0,25	0,35	183,84	190,23
Pl7	41	30	5,78	4,26	0	0	0	1	0,25	0,25	151,81	157,47
Pl8	20	38	3,97	3,3	1	1	0	1	0,25	0,29	141,1	152,87
Pl9	43	37	5,42	3,76	2	3	0	0	0,31	0,35	232,3	142,56
Pl10	28	30	6,19	4,7	1	3	0	0	0,25	0,72	209,63	216,94
Pl11	24	22	3,7	3,82	1	2	0	1	0,28	0,31	141,65	164,65
Pl12	8	11	1,17	3,34	2	1	0	0	0,35	0,3	141,25	132,14
Pl13	20	33,5	4,09	4,17	1	2	0	1	0,35	0,31	124,72	155,3
Pl14	25	33	4,19	4,33	1	2	0	0	0,44	0,47	134,24	128,7
Pl15	21	40	5,9	5,3	1	2	0	1	0,25	0,32	141,1	182,87
Pl16	40	47	4,28	4,97	2	3	0	1	0,42	0,29	141,25	132,24
Pl17	11	23	4,77	4,32	1	1	0	0	0,25	0,28	124,24	118,7
Pl18	13	20	3,95	4,05	2	3	0	0	0,59	0,57	144,72	155,9
Pl19	5,88	64	4,43	5,87	2	1	0	2	0,4	0,43	140,25	132,14
Pl20	3,79	38	4,03	4,56	1	2	0	1	0,42	0,57	158,1	152,87
Pl21	12	26	3,15	4,45	0	3	0	0	0,25	0,35	183,5	172,72
Pl22	15	17	2,96	3,33	1	2	0	0	0,32	0,55	151,1	162,87
Pl23	25	59	4,06	5,13	2	1	0	1	0,41	0,43	134,59	146,51
Pl24	14	41	3,72	4,27	2	2	0	0	1,12	0,45	173,5	166,72
Pl25	44	42	4,33	5,46	0	2	0	1	0,25	0,32	284,43	301,1
Pl26	34	34	3,36	4,36	0	1	0	1	0,28	0,42	161,1	172,87
Pl27	28,5	20	4,27	4,6	1	2	0	1	0,35	0,51	205,31	210,2
Pl28	29	18	3,32	4,28	1	3	0	0	0,3	0,45	152,1	169,87
Pl29	8	17	4,17	2,66	2	0	0	0	0,37	0,25	139,17	187,16
Pl30	10	22	3,13	2,77	1	2	0	0	0,25	0,37	134,24	128,7
Pl31	35	24	5,4	4,3	2	2	0	0	0,47	0,29	181,57	177,89
Pl32	15	13	3,9	4,04	1	3	0	0	0,28	0,73	156,14	176,47
Pl33	43	37	5,45	3,76	2	3	0	0	0,31	0,35	234,3	141,56
Pl34	29	30	6,20	4,7	1	3	0	0	0,25	0,72	209,63	217,94

Annexes 1. (Suite)

L. secun	Long. Pétiol (cm)		Diam. Pétiol (mm)		Nb. feuille		Nb. rejet		Hauteur (cm)		Surf. foliaire (cm²)	
Plantes	intr	sauv	intr	sauv	intr	sauv	intr	sauv	intr	sauv	intr	sauv
Pl1	18	21	3,47	4,3	0	0	0	0	0,52	0,84	180,95	208,52
Pl2	19	20	3,01	2,49	0	0	0	0	0,41	0,695	91,09	99,19
Pl3	35	25	3,06	2,97	1	1	0	0	0,685	0,5	40,61	30,78
Pl4	23	35	3,07	3,31	0	0	0	0	0,7	0,89	35,94	39,17
Pl5	39	24	4,43	3,5	0	0	0	1	0,47	0,52	37,61	68,28
Pl6	34	20	3,56	3	0	1	0	0	0,475	0,945	73,32	62,89
Pl7	19,5	14,6	3,18	2,75	0	0	0	0	0,555	1,035	85,66	166,76
Pl8	17,5	25,5	2,55	2,81	0	0	0	0	0,395	0,33	60,86	71,13
Pl9	32,5	42	5,53	3,88	0	0	0	0	0,985	0,675	56,76	61,7
Pl10	46	36,5	5,46	4,78	0	0	0	0	0,59	0,415	45,88	49,71
Pl11	52	54	5,9	9,47	0	3	0	0	0,325	0,315	66,13	149,99
Pl12	56	34	7,05	9,91	0	1	0	0	0,88	0,92	90,09	99,19
Pl13	22,5	46,5	4,75	4,85	0	1	0	0	0,36	0,885	60,86	71,13
Pl14	41	43	5,3	5,23	0	0	0	0	0,25	0,42	56,78	77,51
Pl15	23	28,5	4,3	3,07	0	0	0	0	1,04	0,3	73,32	43,84
Pl16	25	19,5	3,36	3,42	0	0	0	1	0,395	1,335	52,47	46,96
Pl17	23,5	22	4,17	4,21	0	0	0	0	0,25	0,365	54,27	39,65
Pl18	52	37,5	4,62	4,75	0	0	0	0	0,72	1,065	46,6	24,44
Pl19	45,5	58	4,62	5,03	0	0	0	0	0,47	0,33	62,23	26,32
Pl20	51	65	5,72	5,82	0	0	0	0	0,485	0,685	48,41	37,78
Pl21	25,5	64	4,47	5,47	0	0	0	0	0,555	0,415	64,09	95,84
Pl22	29,5	55,5	4,62	5,32	1	1	0	0	0,395	0,335	38,09	84,58
Pl23	35	33	5,96	3,85	3	1	0	0	0,985	0,92	57,14	78,23
Pl24	49,5	44	5,07	4,38	0	0	0	0	0,69	0,875	45,88	78,35
Pl25	38	26	4,5	3,92	0	1	0	0	0,345	0,45	57,5	54,27
Pl26	22	32	4,75	4,16	0	0	0	0	0,88	0,37	70,68	53,07
Pl27	41	58	5,46	4,38	1	2	0	0	0,56	0,42	51,87	75,47
Pl28	52	37	4,33	5,41	0	1	0	0	0,25	0,32	71,16	59,66
Pl29	46,5	51	5	6,06	2	2	0	0	0,25	1,335	114,65	102,36
Pl30	45	60	5,44	5,75	0	0	0	0	0,72	0,365	52,47	46,96
Pl31	19	17,5	3,84	2,75	0	0	0	0	0,47	1,065	39,05	76,31
Pl32	13	15,2	3,44	2,65	0	0	0	0	0,485	0,39	60,86	73,32
Pl33	18	49	4,44	4,57	0	0	0	1	0,565	0,65	60,14	84,58
Pl34	47	43	5,3	5,23	0	0	0	0	0,25	0,42	56,78	77,51
Pl35	23	28,5	4,39	3,17	0	0	0	0	1,04	0,3	73,32	43,84
Pl36	29	19,5	3,36	3,43	0	0	0	1	0,395	1,335	52,47	46,96
Pl37	25	73,5	6,14	5,44	0	1	0	0	0,397	0,79	70,56	56,9

Annexes 2. Données relatives aux différents paramètres de croissance étudiés à la deuxième année

E. macr	Long. Pétiole (cm)		Diam. Pétiol. (mm)		Nb. feuille		Nb. rejet		Hauteur (cm)		Surf. Foliaire (cm^2)		Bio. foliaire (mgMs/feuille)	
Plantes	Intr	Sauv	Intr	Sauv	Intr	Sauv	Intr	Sauv	Intr	Sauv	Intr	Sauv	Intr	Sauv
Pl1	47	75	5,8	7,66	3	3	1	1	1,12	1,23	149,26	109,87	0,72	0,87
Pl2	48	43	4,85	3,88	1	0	0	0	0,37	0,3	140	107,4	1,22	1,34
Pl3	23	8	4,3	4,1	2	1	0	0	0,75	0,5	249,88	236,91	0,66	0,94
Pl4	25	11	4,9	2,4	1	2	0	0	0,54	0,31	97,4	98,89	0,81	1,21
Pl5	36	25	5,8	4,47	1	1	0	0	0,64	0,4	165,061	59,14	0,26	0,16
Pl6	30	24	5,7	3,9	1	1	0	0	0,43	0,43	289,38	210	0,28	0,53
Pl7	31	23	5,38	3,64	0	0	0	0	0,3	0,25	186,29	183,95	0,42	0,73
Pl8	26	17	5,46	2,72	0	0	0	0	0,32	0,33	183,95	115,06	0,61	1,07
Pl9	36	13	5,73	3,05	1	2	0	0	0,42	52	135,93	88,76	0,46	0,59
Pl10	33	15	4,3	3,27	0	2	0	1	0,25	0,98	166,049	89,87	0,98	0,35
Pl11	17	22	3,46	3,21	1	1	0	0	0,34	0,4	144,69	178,63	0,50	0,50
Pl12	16	16	3,63	3,41	2	1	0	0	0,41	0,35	158,04	216,05	0,54	0,74
Pl13	9	17	2,12	3,46	1	1	0	0	0,44	0,48	299,88	125,8	0,50	0,72
Pl14	7	16	2,32	3,63	2	1	0	1	0,57	0,67	278,34	156,75	1,20	0,32
Pl15	22	9	3,21	2,12	0	1	0	1	0,25	0,59	142,84	148,108	0,36	0,66
Pl16	16	11	3,41	2,4	1	0	0	0	0,56	0,38	151,48	129,75	0,80	0,55
Pl17	22	29	4,2	5,33	1	0	0	0	0,37	0,32	128,148	177,04	0,42	1,06
Pl18	23	27	3,75	5,24	2	2	1	1	0,89	0,79	121,728	186,17	0,89	0,73
Pl19	17	19	5,48	3,91	1	1	1	0	0,59	0,47	95,06	101,06	0,77	1,03
Pl20	19	23	5,32	3,5	1	1	0	1	0,47	0,78	111,11	98,87	0,58	0,68
Pl21	26	38	3,7	4,72	0	0	0	0	0,25	0,45	170,62	154,157	0,60	0,88
Pl22	26	28	3,75	4,4	0	2	0	1	0,41	0,71	160,86	165,68	1,60	0,88
Pl23	25	62	3,34	6,17	1	2	0	0	0,57	0,52	153,21	149,63	1,24	1,24
Pl24	15	44	3,41	5,22	2	1	1	0	1,28	0,6	167,53	146,54	0,65	1,01
Pl25	44	45	4,93	6,75	0	1	0	0	0,38	0,4	240,25	201,6	0,81	1,11
Pl26	43	49	4,23	6,47	0	1	0	0	0,3	0,49	239,01	239,01	0,99	0,83
Pl27	13	34	3,99	4,32	2	2	0	1	0,45	0,68	270,6	195,93	0,51	1,17
Pl28	15	25	3,03	5,06	1	2	0	1	0,39	0,77	265,35	167,35	0,53	0,69
Pl29	31	22	5,34	5,44	1	1	0	0	0,45	0,4	232,47	242,47	0,61	0,45
Pl30	30	30	4,3	5,9	0	1	0	0	0,25	0,67	195,06	212,72	1,27	0,52
Pl31	24	33	4,11	4,89	1	1	1	0	0,52	0,45	135,06	125,31	0,37	0,68
Pl32	20	29	3,52	5,21	2	2	0	1	0,43	0,81	221,6	119,75	1,10	0,56
Pl33	17	21	3,46	3,27	1	1	0	0	0,34	0,4	149,69	178,63	0,50	0,51
Pl34	16	18	3,65	3,41	2	1	0	0	0,41	0,35	168,04	216,05	0,54	0,76

Annexes 2. (Suite)

L. secun	Long. Pétiol (cm)		Diam. Pétiol (mm)		Nb. Feuil.		Nb. rejet		Hauteur (cm)		Surf. foliaire (cm^2)		Bio. foliaire (mgMs/feuille)	
Plantes	intr	sauv	intr	sauv	intr	sauv	intr	sauv	intr	sauv	intr	sauv	intr	sauv
Pl1	73	56	7,02	8,23	4	2	0	0	0,68	0,95	104,56	121,6	0,32	0,54
Pl2	74	55	11,04	6,9	3	3	1	0	0,85	1,12	111,23	147,4	0,48	0,49
Pl3	46	53	6,32	6,81	2	2	0	0	0,57	0,95	79,51	67,78	0,77	0,65
Pl4	50	65	5,97	5,7	2	3	1	0	0,5	0,75	75,92	61,6	0,81	0,25
Pl5	76	79	7,5	11,14	2	2	2	0	1	0,55	41,23	86,76	0,68	0,41
Pl6	50	61	4,86	6,36	2	2	0	0	0,76	0,77	44,19	91,6	0,68	0,29
Pl7	48	47	5,46	6,22	4	4	2	0	1,12	0,81	82,84	89,5	0,36	0,34
Pl8	61	48	7,46	5,81	4	3	0	0	0,7	1,19	83,95	93,6	0,27	0,31
Pl9	43	53	5,84	7,84	2	2	2	0	0,75	0,57	81,6	77,9	0,59	0,41
Pl10	31	33	3,5	3,5	2	2	2	1	0,61	0,97	86,05	106,91	0,57	0,38
Pl11	75	85	8,27	10,01	4	3	0	0	0,59	1,23	106,91	89,5	0,72	0,29
Pl12	84	98	5,7	7,01	5	2	1	1	0,81	0,85	95,2	88,16	0,69	0,36
Pl13	76	74	9,65	8,07	4	4	0	0	0,54	1,6	102,96	81,35	0,68	0,76
Pl14	79	59	8,26	7,42	5	3	0	0	1	0,81	106,42	58,64	0,5	0,83
Pl15	68	46	5,17	11,83	3	3	0	3	0,58	0,68	124,19	131,72	0,38	0,38
Pl16	57	57	6,7	13,8	2	2	0	0	0,35	0,43	105,18	108,02	0,38	0,39
Pl17	45	50	6,52	7,57	3	3	0	0	1,13	1	86,17	84,58	0,60	0,75
Pl18	59	41	6,75	6,92	3	3	1	1	1,45	0,59	102,71	150,12	0,63	0,71
Pl19	32	41	7,34	5,86	3	2	2	0	1,14	0,76	112,59	151,36	0,53	0,40
Pl20	40	32	5,9	4,7	1	3	2	2	0,28	0,71	177,28	246,9	0,56	0,38
Pl21	27	47	6,04	5,81	2	3	2	0	0,65	0,58	179,5	197,45	0,43	0,54
Pl22	30	51	5,25	5,25	1	2	0	1	0,29	0,29	124,07	71,73	0,50	0,52
Pl23	37	33	5,3	7,13	3	3	0	0	1	1	123,7	75,18	0,49	0,42
Pl24	58	44	6,9	5,4	3	3	0	0	1,17	1,14	125,68	74,94	0,54	0,40
Pl25	31	30	8,74	5,41	3	4	0	0	0,52	0,83	126,42	70,37	0,73	0,25
Pl26	23	28	6,71	5,25	2	3	1	0	0,49	1,2	83,95	78,52	0,81	0,38
Pl27	62	46	9,6	7,06	1	4	0	0	0,28	0,34	75,55	36,66	0,40	0,28
Pl28	61	29	8,7	5,9	0	3	1	1	0,25	0,71	68,52	61,12	0,38	0,32
Pl29	35	43	6,07	5,02	3	3	0	2	1,69	0,27	72,23	67,56	0,81	0,55
Pl30	38	37	5,73	5,7	3	4	1	0	1	0,35	105,06	97,23	0,91	0,70
Pl31	60	57	7,45	8,32	0	4	2	1	0,25	1,52	83,45	92,56	0,55	0,43
Pl32	54	44	7,8	6,8	3	3	1	0	1	1,43	103,7	99,38	0,56	0,56
Pl33	43	21	5,33	4,32	3	2	0	0	0,5	0,54	120,49	75,06	0,69	0,38
Pl34	30	26	5,92	5,19	2	2	0	1	0,35	0,36	76,89	64,56	0,49	0,83
Pl35	42	32	5,9	4,7	1	3	2	2	0,28	0,71	179,28	246,9	0,56	0,38
Pl36	27	47	6,04	5,81	2	3	2	0	0,65	0,58	179,5	197,45	0,43	0,54
Pl37	35	34	3,5	3,5	2	2	2	1	0,61	0,97	88,05	107,91	0,57	0,38

Annexes 3. Données relatives aux différents paramètres de croissance étudiés à la deuxième année

E. macr	Long. Pétiol.(cm)		Diam. Pétiol (mm)		Nb. Feuil.		Nb. rejet		Hauteur (cm)		Surf. foliaire (cm^2)		Bio. foliaire (mgMs/feuille)	
Plantes	intr	sauv	intr	sauv	intr	sauv	intr	sauv	intr	sauv	intr	sauv	intr	sauv
Pl1	76	85	6,68	8,86	4	2	0	0	1,17	1,49	251,82	186,58	0,55	0,58
Pl2	61	80	5,76	5,37	1	1	0	1	0,37	0,41	116,21	92,56	0,42	1,51
Pl3	39	47	6,47	5,19	3	2	0	0	1,18	0,79	189,63	123,53	0,40	0,66
Pl4	14	57	6,22	4,99	2	1	1	2	0,76	0,37	132,55	103,77	0,44	0,59
Pl5	38	18	6,29	4,04	2	1	2	0	0,73	0,45	241,58	88,77	1,03	1,62
Pl6	43	21	4,94	3,47	1	1	1	2	0,56	0,43	165,60	216,82	0,55	0,76
Pl7	33	16	5,1	3,25	1	2	2	0	0,55	0,37	183,04	150,60	0,56	0,53
Pl8	36	14	4,9	3,4	1	1	0	1	0,47	0,56	127,19	89,63	0,35	0,50
Pl9	26	42	3,69	4,94	1	2	2	3	0,54	0,8	140,97	164,99	0,42	0,47
Pl10	20	35	3,7	5,73	0	3	1	0	0,25	1,67	119,38	107,31	1,36	0,80
Pl11	21	19	2,91	3,25	2	0	0	0	0,45	0,4	206,21	138,16	0,67	0,66
Pl12	21	18	2,99	3,63	1	2	0	1	0,41	0,56	122,43	230,60	1,02	0,99
Pl13	19	45	4,39	5,99	2	2	3	3	0,44	0,86	100,48	130,12	0,95	0,75
Pl14	19	39	4,31	6,08	2	3	0	1	0,87	1,29	104,99	132,07	0,30	0,32
Pl15	18	57	3,47	5,9	1	2	2	2	0,39	1,02	78,29	114,02	0,81	0,48
Pl16	17	37	3,61	5,86	2	2	0	0	0,67	0,51	101,09	116,82	1,01	1,50
Pl17	28	32	4,68	5,17	2	2	3	1	0,58	0,62	116,21	74,63	0,57	0,41
Pl18	15	31	3,74	5,32	3	3	0	0	1,21	1,51	133,53	103,65	0,82	0,55
Pl19	32	27	5,77	6,27	2	1	1	3	0,63	0,65	75,60	93,77	0,40	0,46
Pl20	30	28	5,09	6,64	1	3	0	0	0,51	1,37	89,99	96,82	0,40	0,66
Pl21	23	33	4,23	5,03	2	2	2	2	0,5	0,67	61,34	69,14	0,44	0,599
Pl22	24	28	4,25	6,18	2	3	0	1	0,67	1,44	69,02	67,31	1,03	1,68
Pl23	47	26	6,12	5,57	2	2	2	1	0,81	0,59	132,68	104,14	0,36	0,51
Pl24	20	23	4,72	4,68	3	2	1	1	1,28	0,63	241,33	89,14	0,43	0,48
Pl25	14	37	4,09	5,82	2	2	2	2	0,38	0,66	170,85	215,72	1,33	0,81
Pl26	12	22	2,28	4,7	1	2	2	0	0,3	0,57	98,65	130,60	0,68	0,66
Pl27	35	49	5,6	7,53	2	2	2	1	0,69	0,94	104,75	131,58	0,561	0,76
Pl28	43	45	4,44	6,64	1	3	0	0	0,43	1,43	77,92	109,14	0,57	0,54
Pl29	16	31	3,8	5,73	1	1	0	2	0,68	0,45	101,21	115,73	0,34	0,51
Pl30	37	23	2,91	5,41	0	3	1	1	0,19	0,93	241,33	89,99	0,36	0,50
Pl31	27	38	5,34	5,71	2	1	3	0	0,61	0,79	164,51	215,60	0,45	0,46
Pl32	33	37	6,12	4,84	1	3	1	1	0,49	1,02	102,31	129,14	1,37	0,67
Pl33	24	18	2,99	3,63	1	2	0	1	0,41	0,56	126,43	232,60	1,02	0,99
Pl34	19	45	4,39	5,99	2	2	3	3	0,44	0,86	101,48	130,12	0,95	0,75

Annexes 3. (Suite)

L. secun	Long. Pétiole (cm)		Diam. Pétiole (mm)		Nb. Feuil.		Nb. rejet		Hauteur (cm)		Surf. foliaire (cm²)		Bio. foliaire (mgMs/feuille	
Plantes	intr	sauv	intr	sauv	intr	sauv	intr	sauv	intr	sauv	intr	sauv	intr	sauv
Pl1	48	60	7,37	6,79	3	3	0	0	1,11	1,41	113,65	100,85	0,56	0,56
Pl2	50	67	7,1	7,67	3	3	0	0	1,67	1,3	76,21	102,07	0,80	0,55
Pl3	75	150	6,66	8,84	3	4	2	1	1,51	2	96,09	93,53	0,39	0,30
Pl4	89	165	6,91	7,4	3	2	1	1	0,87	1,36	101,09	105,24	0,30	0,36
Pl5	104	59	9,54	9,61	4	3	2	0	2	1,29	73,65	78,04	0,79	0,35
Pl6	120	70	11,68	8,61	2	2	1	1	1,23	1,23	75,36	60,85	0,69	0,58
Pl7	98	77	9,47	8,4	3	2	0	0	1,89	1,59	110,24	101,21	0,41	0,55
Pl8	96	80	8,51	7,5	3	3	1	1	1,2	1,62	124,02	75,73	0,39	0,55
Pl9	81	71	6,97	7,26	2	3	0	0	1,47	1,3	95,60	104,99	0,78	0,65
Pl10	71	68	6,18	6,51	2	2	0	0	0,72	1,41	101,34	104,51	0,77	0,73
Pl11	70	68	8,2	9,44	3	3	1	2	1,26	2	104,87	78,16	0,18	0,4
Pl12	112	72	8,58	9,58	3	3	0	0	1,19	1,43	142,07	102,07	0,22	0,38
Pl13	116	86	6,36	9,22	2	3	0	0	0,93	1,87	125,60	91,34	0,56	0,40
Pl14	41	53	5,53	7,39	3	2	0	1	1,87	1,2	131,94	86,46	0,54	0,30
Pl15	28	49	6,87	8,69	3	2	1	0	0,77	1,26	138,65	101,09	0,67	0,59
Pl16	29	54	7,39	7,5	2	2	0	1	0,64	0,75	119,02	100,97	0,66	0,57
Pl17	79	61	5,65	7,92	3	2	0	0	1,86	1,14	69,51	94,75	0,38	0,45
Pl18	70	59	5,29	7,29	3	3	0	1	1,98	1,49	70,48	93,53	0,37	0,34
Pl19	76	70	7,4	7,4	3	3	0	1	1,71	1,47	123,77	96,82	0,42	0,25
Pl20	87	51	7,44	7,44	2	2	0	0	0,82	1,09	116,95	97,80	0,40	0,23
Pl21	39	60	8,64	7,14	0	3	4	0	1,26	1,17	89,75	93,29	0,38	0,38
Pl22	40	43	6,11	6,23	1	2	0	1	0,4	0,87	92,92	66,95	0,27	0,44
Pl23	67	67	10,49	9,08	4	3	2	0	1,9	1,45	87,43	71,46	0,33	0,31
Pl24	75	75	10,09	8,67	3	3	0	0	1,72	1,46	66,46	80,12	0,46	0,33
Pl25	77	77	8,02	9,5	3	3	1	0	1,2	1,55	46,46	76,70	0,83	0,64
Pl26	71	71	7,11	9,24	3	3	0	1	0,97	1,55	55,36	73,41	0,53	0,58
Pl27	31	31	6,82	8,04	2	2	3	0	0,4	0,57	47,92	86,95	0,50	0,47
Pl28	31	31	7,27	5,61	2	2	1	0	0,66	1,19	39,99	84,511	0,55	0,37
Pl29	19	19	3,04	3,08	4	1	0	0	2	0,46	87,80	61,46	0,65	0,78
Pl30	18	18	3,33	3,11	2	2	0	0	1,67	0,79	63,77	59,87	0,45	0,37
Pl31	96	96	7,62	11,35	2	4	0	0	0,72	2	63,17	74,38	0,42	0,56
Pl32	79	79	8,15	10,26	3	3	1	1	0,62	1,68	49,99	87,07	0,63	0,4
Pl33	29	29	5,6	5,6	3	2	0	0	0,87	0,87	123,77	96,82	0,34	0,39
Pl34	17	17	4,51	4,51	2	2	0	1	0,93	0,81	104,87	78,16	0,57	0,47
Pl35	112	72	8,58	9,58	3	3	0	0	1,19	1,43	142,07	102,07	0,22	0,38
Pl36	116	86	6,36	9,22	2	3	0	0	0,93	1,87	125,67	92,34	0,56	0,40
Pl37	37	31	6,82	8,04	2	2	3	0	0,4	0,57	47,96	88,95	0,50	0,47

Publications issues de la Thèse

www.ingramcontent.com/pod-product-compliance
Lightning Source LLC
Chambersburg PA
CBHW021103210326
41598CB00016B/1303